美洲鸟类

BIRDS OF AMERICA

〔美〕约翰·詹姆斯·奥杜邦　著

宋龙艺　译

北京理工大学出版社

BEIJING INSTITUTE OF TECHNOLOGY PRESS

请你在想象中与我一同遨游广袤无垠的西部大草原、
落基山脉中人迹罕至的峡谷和荒漠。
我们愿在此表达一下深切却又徒劳的遗憾——
生息于此处的远古时代物种的孑遗，
现在也已所剩无几。
它们曾经生活、曾经跃动，
许久以前也曾栖息在森林、平原、山川和河湖，
但是它们不再是这些地方的主人。
然而，我们还是希望，
但愿一己绵薄之力能让有关这些物种的知识——
长存不朽。

——约翰·詹姆斯·奥杜邦

《美洲鸟类》导读

这本书能教给你观察的能力和对自然的热爱

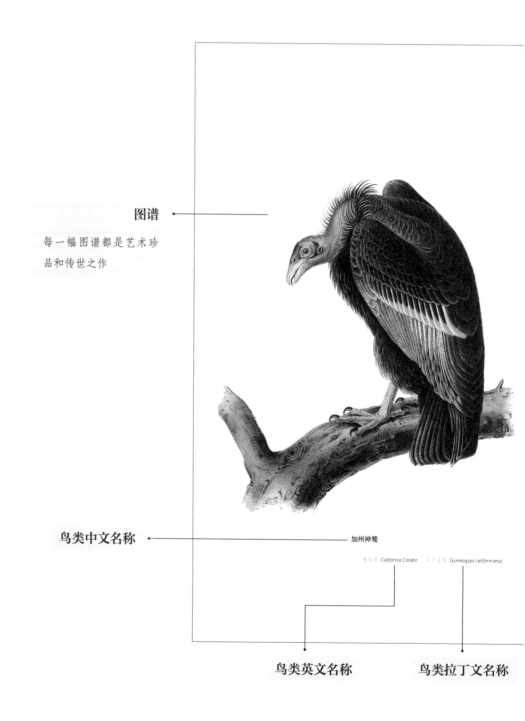

图谱 •—

每一幅图谱都是艺术珍
品和传世之作

鸟类中文名称 •—————————————— 加州神鹫

英文名 *California Condor*　　拉丁文名 *Gymnogyps californianus*

鸟类英文名称　　　　　　　　　　**鸟类拉丁文名称**

加州神鹫

猛禽 / 鹰形目 / 美洲鹫科 / 加州神鹫属

在栖息于北美大陆南部地区的 3 种美洲鹫科鸟类中，加州神鹫的体型要比其他几个物种大得多，它们与其他两种鹫科鸟类在身形上的比例，相当于金雕和苍鹰在身形上的比例。加州神鹫栖息在这个大陆西部山岭的峡谷和平原地区，而且在落基山脉以西的地区还没有被观察到过。汤森先生曾有缘观察到过这种鸟类，我也因此从他对加州神鹫生活习性的如下描述中受益。

"加州神鹫栖息在哥伦比亚河从河口起大约 800 千米的地区。在春季，加州神鹫的数量最多，大量被抛上海滩的死去的鲑鱼成了它们的食物。在印第安人的村庄附近也常常能见到它们，在这些村庄周围被扔弃的鱼类内脏吸引了它们前来。加州神鹫常常与红头美洲鹫在一起，但是这两种鸟类的飞行方式却有着明显的不同，加州神鹫的翅膀更大，而且翅膀的弯曲程度更为明显。印第安人的观察通常是我们可信赖的资料来源。他们说，加州神鹫唯独依靠自己的视觉来确定食物的存在，这也证实了你对这一鹫类家族总体特征的描述。从哥伦比亚河的上游水中捕获的鱼类被储存在用交错的树木枝干建成的小屋之中，作为过冬的食物。我常常看见渡鸦试图在这些仓库中栖息下来，但是还从来不知道加州神鹫会这样做，尽管栖息在附近地区的这一物种和数量很多。"

随后，他继续说道："我从来没有见到过加州神鹫的卵。哥伦比亚河流域的印第安人说，这种鸟类在地面上孵卵。它们将巢穴营建在松树林下的沼泽地中，尤其是在高山地区。哥伦比亚河以东大约 130 千米的瓦拉梅特山脉地区，据说是加州神鹫最喜欢的栖息繁殖地。我从来没有在那个季节到访过瓦拉梅特山脉地区，因此我并没有这方面的一手资料。加州神鹫仅仅在夏季来到哥伦比亚河流域，它们在 6 月初露面，8 月末就会飞走，或许会飞去高山地区。加州神鹫尤其喜欢大大小小的瀑布附近，被抛掷到河岸沙滩上的死鲑鱼吸引着它们来到这些地方。大量鲑鱼在它们跳跃障碍的旅程中筋疲力尽，被抛掷到了河滨和海滩上。那里因此栖息

美洲鸟类

目录

CONTENTS

卷二　鸣禽

卷六　游禽

序 言

　　在过去几年里，美国和欧洲科学界的许多朋友常常问我能否为他们和大众编写一本关于美洲鸟类的书。他们希望这本书在内容上与我之前的大部头作品相似，但是在大小和价格方面能让每一位学生或者自然爱好者都可以并且有能力放进自己的书架中，在闲暇的时间可以取下来阅读，成为他们愉快的陪伴。我接受了这项任务。我从没有停止怀着最真挚的热情和最衷心的崇敬来欣赏和研究伟大造物主的精彩造物。他们也一直帮助我，善待我，我相信他们也会同样喜欢和善待这本缩小版的《美洲鸟类》。

约翰·詹姆斯·奥杜邦

1839年11月于纽约

BIRDS OF AMERICA
VOLUME I
RAPTORES

卷　一

猛　禽

红头美洲鹫

英文名 | Turkey Vulture　拉丁文名 | Cathartes aura

2

红头美洲鹫

猛禽／鹰形目／美洲鹫科／美洲鹫属

这一物种在美国远远算不上家喻户晓，因为在新泽西以东的地方几乎就再也见不到它们了。在我们不断向南方行进时，视野中红头美洲鹫的数量也越来越多。它们同样也喜欢在海岸边栖息，而在这些地方它们喜欢的食物也最丰富。

在得克萨斯州的加尔维斯顿岛，红头美洲鹫的数量很多，我们也有几次发现了它们的巢穴。这些巢穴像平常那样建在地面上，不过是在平坦的盐碱滩上——要么在向四周伸展的仙人掌枝茎下，要么在低矮灌木下的长草间。各种鹭类也在后一种环境中繁殖，它们的幼鸟成了红头美洲鹫大快朵颐的食物。这一物种每窝产卵都不超过2枚。

相比黑美洲鹫，红头美洲鹫的飞行姿态更加优雅。它们或高或低翩然飞翔，翅膀水平伸展着，翅尖因为身体的重量而向上弯曲。它们弹跳一下便可以从地面上飞起来，之后仅仅拍打几次翅膀，来保证平稳地滑翔下去。像黑美洲鹫那样，它们高高地飞在空中，绕着大圈盘旋。同时在天空中飞翔的还有燕尾鸢、密西西比鸢和两种鸦属鸟类。然而，红头美洲鹫通常会欺负这几种鸟，将它们驱赶到地面上。

红头美洲鹫是一种喜欢群居的鸟，它们会食用各种食物，吸食鸟卵，并且吞食许多种鹭类和其他鸟类的幼鸟。我在佛罗里达州狩猎时，常常会被一些这样的鸟儿跟踪。它们跟着我，以便知道我存放猎物的地点，若是我掩藏得不够仔细，它们就会吞掉我的猎物。对于它们同类的尸体，红头美洲鹫也不会拒绝。相比黑美洲鹫，红头美洲鹫的外形更加优美，而且它们也可以在地面上或者屋顶上走得很好。红头美洲鹫每天和它们的近亲们一起出现在南方城市的街道上，还常常与它们栖息在同一棵树上。它们在地面上或者中空的树木以及横放的树干底部孵卵育雏，一次仅仅产下2枚卵。卵的尺寸很大，为浅奶油色，大的一端有较大的黑色和棕色不规则斑块。一季只繁殖一次。

插图中的成年雄性鸟儿羽翼丰满，而幼鸟是在第一年秋季捕获的。

加州神鹫

英文名 | California Condor　拉丁文名 | Gymnogyps californianus

加州神鹫

猛禽／鹰形目／美洲鹫科／加州神鹫属

在栖息于北美大陆南部地区的3种美洲鹫科鸟类中，加州神鹫的体型要比其他几个物种大得多，它们与其他两种鹫科鸟类在身形上的比例，相当于金雕和苍鹰在身形上的比例。加州神鹫栖息在这个大陆西部山岭的峡谷和平原地区，而且在落基山脉以西的地区还没有被观察到过。汤森先生曾有缘观察到过这种鸟类，我也因此从他对加州神鹫生活习性的如下描述中受益。

"加州神鹫栖息在哥伦比亚河从河口起大约800千米的地区。在春季，加州神鹫的数量最多，大量被抛上海滩的死去的鲑鱼成了它们的食物。在印第安人的村庄附近也常常能见到它们，在这些村庄周围被扔弃的鱼类内脏吸引了它们前来。加州神鹫常常与红头美洲鹫在一起，但是这两种鸟类的飞行方式却有着明显的不同，加州神鹫的翅膀更大，而且翅膀的弯曲程度更为明显。印第安人的观察通常是我们可信赖的资料来源。他们说，加州神鹫唯独依靠自己的视觉来确定食物的存在，这也证实了你对这一鹫类家族总体特征的描述。从哥伦比亚河的上游水中捕获的鱼类被储存在用交错的树木枝干建成的小屋之中，作为过冬的食物。我常常看见渡鸦试图在这些仓库中栖息下来，但是还从来不知道加州神鹫会这样做，尽管栖息在附近地区的这一物种数量很多。"

随后，他继续说道："我从来没有见到过加州神鹫的卵。哥伦比亚河流域的印第安人说，这种鸟类在地面上孵卵。它们将巢穴营建在松树林下的沼泽地中，尤其是在高山地区。哥伦比亚河以东大约130千米的瓦拉梅特山脉地区，据说是加州神鹫最喜欢的栖息繁殖地。我从来没有在那个季节到访过瓦拉梅特山脉地区，因此我并没有这方面的一手资料。加州神鹫仅仅在夏季来到哥伦比亚河流域，它们在6月初露面，8月末就会飞走，或许会飞去高山地区。加州神鹫尤其喜欢大大小小的瀑布附近，被抛掷到河岸沙滩上的死鲑鱼吸引着它们来到这些地方。大量鲑鱼在它们跳跃障碍的旅程中筋疲力尽，被抛掷到了河滨和海滩上。那里因此栖息着这个国家众多的以鱼类为食的鸟类。然而，并不能说加州神鹫是一种数量十分多的物种，因为即使是在上述提到的地区和环境中，加州神鹫也只是以三两只一小群的规模出现，从来不会同时出现更多只。而且加州神鹫性情羞怯，除非小心谋划，人们很难走到距离它们91米以内的地方。尽管我常常见到这种鸟类，但我还从来没有听到过它们发出任何鸣叫声。

"我从来没有听说过它们会攻击活的动物。在哥伦比亚河上，加州神鹫的食物几乎全部是各种鱼类，因为在这一地势起伏较大的地区，鱼类食物总是十分丰富；它们也与同家族的鸟类一样，会吃死去的动物。我曾经在温哥华堡附近看到过两只加州神鹫在吞食一只死猪的腐肉。我还从来没有见到过休息中的加州神鹫。加州神鹫的行走方式与火鸡的行走方式相似，总是颇为神气地昂首阔步；但是在为了获得食物时，这样的神气常常就会消失不见了。尤其是当两只加州神鹫争夺一条被抛上岸边的死鱼时，它们这种优雅高贵的行走方式往往就会消失得无影无踪，而是退化成笨拙的踉跄小跑。后一种动作就怎么也称不上是优雅了。在起飞之前，加州神鹫往往会先单足跳跃或者奔跑上几米远的距离，这可以为它们笨重庞大的身体带来助推力。在这一方面，加州神鹫和南美洲的秃鹫相似。后者众所周知的生活习性使它们成了当地人轻而易举就可以捕获的猎物。捕获它们的方式极为简单，通常只需要将它们视为食物的腐肉放置在一个狭窄的围栏之中就可以了。如果能再回到哥伦比亚河地区，我会试着用这种方法来捕捉一些加州神鹫。若是能成功，我必将十分高兴。"

黑美洲鹫

英文名 | American Black Vulture   拉丁文名 | Coragyps atratus

黑美洲鹫

猛禽／鹰形目／美洲鹫科／黑美洲鹫属

黑美洲鹫是南方各州的常见鸟类。它们最远能到达密西西比河上游地区，并且终年栖息在肯塔基州、印第安纳州、伊利诺伊州，甚至远至俄亥俄州的辛辛那提。我相信，在我们的大西洋海岸上，黑美洲鹫最远仅去过东部的马里兰州，而且在这一地区，它们已经十分罕见。黑美洲鹫倾向于在海洋性地区或者附近有各种水域的地区栖息。尽管这种鸟类在山林间十分胆小，但是在我们的城市和山村地区，它们却表现得较为驯服，可以十分轻松地在人类的环境中找到食物。在查尔斯顿、萨凡纳、新奥尔良、纳齐兹以及其他的城市，都栖息着数量十分多的黑美洲鹫。人们可以在这些城市的街道上看到这些鸟儿整日里成群地行走或飞翔。它们还会定期去市场和屠宰场，捡食屠夫们丢弃的动物内脏和碎肉；运气好的话，屠夫们工作的长台上会散布着较多的碎肉，它们就会从一个长台飞落到另一个长台上，匆忙间便能填饱肚子。

屠宰场是黑美洲鹫最喜欢光顾的地方，在一天中的任何时候，人们都可以看见许许多多的黑美洲鹫散布在屠宰场附近的地方。它们会停落在任何没有装满墙头钉和玻璃碴的屋顶和烟囱上，不过大部分居民将自己家的屋顶和烟囱上撒满墙头钉和玻璃碴，以防止这些地方被它们的粪便占领。黑美洲鹫会跟随着装满内脏和动物尸体的车子来到郊区堆放垃圾的地方，一些野狗也常常来到这里，在短短的数小时内，它们就会处理掉这些腐肉。但是在这种情形下，这些动物之间会彼此斗争，跳跃着、拥挤着去拖曳抢夺食物，场面十分混乱紧张，一阵阵撕咬咕哝之声，在几百米之外就能听得见。在这时候若是有雕类露面，那么这些黑美洲鹫就会退到旁边耐心地等待着，直到这些前辈们吃得心满意足了，它们才会上去寻找那些残羹冷炙，但是它们对那些野狗就没有多少尊重可言了。在饱食之后，它们会集体飞起来；要是天气晴好，它们就会飞到高空中，做出各种旋转飞翔的动作，绕着大圈飞行，交替着起起伏伏，直到最终排成一条直线飞去远方，或者停落在树木的枯枝上，迎着太阳或微风伸展开翅膀和尾羽。在寒冷潮湿的天气里,它们则会聚集在烟囱周围,烟囱中的烟雾可以让周围的空气略微温暖一些。

尽管这种鸟儿飞行速度缓慢,但是它们的飞行动作却比较强劲,而且能够持久地飞行。在从地面上飞起来之前,黑美洲鹫常常会做几次跳跃,不过它们总是侧向跳跃,跳跃的样子看起来十分笨拙。它们的飞行由不断的振翅来维持,通常8~10次重复振翅可以让它们滑行30~50米远的距离。翅膀与身体呈直角,足部伸出到尾羽以外,较为醒目。在风和日丽的时候,人们可以听见这些鸟儿在人们头上四五十米的高空中飞翔,它们拍击空气的力量非常大。当黑美洲鹫准备落地的时候,它们首先会将两条腿悬垂下来,以便帮助自己更好地着陆。

黑美洲鹫食用各种肉类,新鲜的或者腐烂的,不管是四足动物还是鸟类、鱼类,都会成为这些猛禽的食物。在东佛罗里达圣奥古斯丁的码头附近,我看见许多黑美洲鹫在啄食一头死去的鲨鱼;我有很多次注意到,这些鸟儿在佛罗里达群岛上吞食鸬鹚和苍鹭巢穴中的雏鸟。

我在彩图中绘制的是一对羽翼丰满的黑美洲鹫,它们啃食的是一只我们常见的鹿头。

矛隼

英文名 | *Gyrfalcon*　　拉丁文名 | *Falco rusticolus*

矛隼

猛禽 / 隼形目 / 隼科 / 隼属

1833年8月6日，我的年轻朋友们，托马斯·林肯和约瑟夫·柯立芝在我儿子约翰的陪同下，来到一个耸立着许多巨大岩石的湍急河流岸边漫步。那是拉布拉多海岸，距离布拉多尔港口13~16千米远。当时，他们突然听见一声非常响亮的尖锐叫声。这声音是从他们头上的崖壁上传来的，他们被惊呆了。抬头看时，我的儿子看到一只非常大的鹰隼在他头上的天空中盘旋。他们立即将这只鹰隼射杀了。当它落到地面上时，第二只鹰隼朝着第一只冲了过去，似乎要营救死去的这只猛禽似的。但是很快，迎接它的也是相同的命运，我儿子的第二颗子弹将它带到了他的脚下。

这些鸟儿的巢穴建在岩石上，距离峰顶大约15米，而距离底部超过30米。另外两只同一物种的鸟儿显然也有着相同的羽毛，这时候已经离开它们在悬崖上的巢穴飞走了。他们一行人沿着弯曲迂回的险峻山路攀登而上，试图去看一眼这些鸟儿巢穴中的景象，然而到了那里之后才发现巢穴中空空如也。这些矛隼的巢穴是由枝条、海草和苔藓建成，直径有0.6米，形状几乎是扁平的。巢穴边缘散落着它们吃过的食物残渣，而悬崖下面的溪流旁则布满了崖海鸦和山鹑等鸟类的翅膀，以及由动物皮毛、骨头和各种物质组成的颗粒状粪便。

直到傍晚时分，我儿子和他的伙伴们才回来。他们带回来了那两只被射杀的鹰隼，我立即意识到这是一种我从来没有见过的物种——至少在美国是这样。读者，请你不要认为我立刻就将它们放在一边了；不是的，我没有，反而仔细地观察起这只鸟儿的每一个部分。这些年轻的猎手们细心地合上了这两只鸟儿的眼睛，而我则翻开了它们的眼睑，试图观察其眼睛的大小和颜色。我展开了它们强有力的翅膀和它们握紧的脚爪，观察了它们的口腔，那如牙齿一般尖锐的上颌结构让我惊讶不已。接着，我又用手掂量了掂量它们的重量，最后得出结论，那就是：我见到过的任何一种鸟儿都没有这两只更像大型的游隼。

矛隼的飞行方式与游隼相似，但是它们会飞得更高、更迅速，也更加壮观。在飞行时，它们很少会展翅滑翔，而总是一直不断地振翅。当它们飞翔在海洋之上的苍穹中时，它们几乎一动不动地悬停着，似乎在等待着合适的时间来收起翅膀。当时机来临的时候，它们又几乎是垂直地飞下来，毫无预兆地落在猎物的身上。

矛隼的叫声也与游隼相似，声音大，尖锐而且刺耳。它们时不时会停落在竖起在海边的高高的木桩上，到访海岸的渔民以它们为灯塔。这些矛隼伫立在那里，姿态并不像大部分隼类那样是直立的，而是像燕鸥那样。几分钟后，它们就会故技重施，扑向一只海鹦。海鹦这种可怜的鸟儿站在自己的洞穴入口处，丝毫没有意识到危险的降临，然而它们强劲的天敌往往总是用这样的方法将它们捕食。爪中的海鹦似乎根本不会影响这种隼类的飞翔，它们飞起到空中之后，仅仅会抖动身体，似乎在理顺自己的羽毛——就像脚爪中紧抓着鱼儿、刚刚出水的鱼鹰抖掉羽毛上的水珠一样。

在我们考察活动期间，这些矛隼是我们所见到的这一物种的全部样本，而我也倾向于认为这一物种在拉布拉多地区十分罕见。在解剖这两只被杀死的矛隼样本时，我发现它们其中一只是雄性，而另一只是雌性；我还发现雌鸟在那个季节里产过卵。因此，当他们一行人靠近巢穴时，飞走的那两只鸟应该就是这两只矛隼的幼鸟。

在它们被射杀之后的第二天，我将它们的样子绘制了出来。那是我做过的最困难的工作之一。我在最不适宜的情形下完成了这项任务。我几乎整个晚上都在绘制这两只鸟儿的轮廓。第二天一连下了好几个小时的雨，雨水不断滴落在我的纸和颜料上。

一位名叫琼斯的先生在拉布拉多地区居住了20年，在询问了这位琼斯先生之后我得知，这些矛隼会捕食并毁灭掉数量极多的野兔、岩雷鸟和柳雷鸟。但是在这种鸟儿的羽毛变化方面，他没能给我提供任何信息。我将自己绘制的矛隼插图拿给这位先生看，他看过之后也说自己所见过的矛隼都是我在插图中绘制的这种外形。渔民们称矛隼为鸭隼(Duck Hawks)，一些渔民说矛隼会做出很多让人惊诧的壮举，但是我认为不必在此重复，因为我觉得他们的说法有些夸张。

游隼

英文名 | *Peregrine Falcon*　拉丁文名 | *Falco peregrinus*

游隼

猛禽 / 隼形目 / 隼科 / 隼属

路易斯安那州的法国人和西班牙人以及美国其他地区的农民都以类似"食鸡隼"之意的名称来命名游隼及其相近的鸟类。这种为这些凶猛的鸟类命名的方式无疑是很自然的，但是这样的名称很少能展示出这一物种的典型特征。没有哪一种鸟类能比当前这一物种更好地表明，知识浅薄的人在起名时常常会出现各种错误和不准确之处。插图中的一对游隼正在享用两只属于不同物种的鸭类。很有可能，若是我们联邦众多农庄中的家鸭与我们河流、湖泊和河口上的野鸭一样为数众多，那么这些游隼或许就会被我们的一些土著居民叫作"食鸭隼"了。

插图中的两只强盗正要啃食它们的"法式大餐"，其动作仿佛是在互相庆贺彼此脚爪下的开胃菜肴。人们或许认为它们是美食家，其实事实上它们只是贪食的吃货。雄性游隼捕获的是一只美洲绿翅鸭，而它的同伴捕捉到的是一只赤膀鸭。它们的胃口与它们鲁莽大胆的性情一致，而且它们也完全称得上我所赋予它们的"强盗"这个名字。

如今在美国常常可以见到游隼，但是在我的记忆中，以前游隼在美国是一种十分罕见的物种。我还能清楚地记得，从前在整个冬季，我若是能射杀一两只这样的物种，就会觉得自己真的十分幸运；而最近的几年，我在一天的时间里常常能捕到两只游隼，在整个冬季或许能捕捉到十几只。我对游隼数量的增长十分不能理解，何况我们的农庄数量在不断地增加，我们的枪手也比20年前的时候翻了两番，而且他们每一个人都准备好一有机会就射杀每一只出现在视野中的隼类。

这种鸟儿的飞行速度令人惊讶。它们几乎不会滑翔。当它们一直追逐着猎物，最后一击却失手的时候，它们才会滑翔起来，但这时也仅仅是绕着宽阔的大圈盘旋上升。接着，它们就会发出与美洲隼类似的鸣叫，只是声音要大得多，与欧洲红隼

15

的叫声一样洪亮，并且为了继续侵略会迅速飞走。游隼在寻找猎物时，飞行方式与家鸽相似。在观察到猎物后，它们会加快振翅的速度，几乎在猎物还没有察觉到的时候就将猎物抓在脚爪中。游隼在空中转向、盘旋和急转的动作也出人意料。在胆小的猎物试图逃脱而做出每一个转向和掉头的动作时，游隼都能紧随其后。在离猎物不到1米的时候，游隼就已完全伸展开强壮的腿部和脚爪。有一瞬间，它们的翅膀几乎完全闭合了；下一瞬间，它们就将猎物抓在了脚爪中。若是猎物过重，它们没有办法带着猎物飞走，就会倾斜着朝地面上落下去，有时候会落在将近100米外的地面上。落地之后，它们会当场将猎物杀死并且吞食掉。如果游隼是在一片广袤的水面上捕捉到了体重过大的猎物，它们就会立即放弃，接着去追逐其他的猎物。若是猎物比较轻，狂喜的猎人就会带着猎物飞到隐蔽的地方开始享用美食。它们追逐较小的鸭类、黑水鸡和其他的游禽，若是这些猎物潜水不够迅速，它们就会冲上去进行抓捕，然后带着猎物飞出水面。我曾经见到过一只游隼在听到猎人的枪声之后从离猎人不足三十步远的地方带走了一只绿翅鸭，这果敢的贼胆真是令人惊讶。许多人都看到过游隼的这种行为，因此可以说这是此物种的典型特征。我见过游隼攻击并且带着猎物飞行，我所见过的被它们带着飞行的最大猎物，是一只绿头鸭。

然而，游隼的食物不仅仅是水禽。有时候它们还会追逐鸽群，甚至乌鸦群。有些日子我观察到一只游隼对一些家鸽格外感兴趣，于是，为了捕捉家鸽，这只游隼竟然登堂入室，钻进鸽巢的一个入口，抓出了一只鸽子，接着又从另一个洞口飞了出来，在鸽群中引起了极大的恐慌。我甚至害怕这些鸽子会放弃这个巢穴，举家搬迁。然而，幸好我及时将这只侵略者射杀了。

游隼偶尔会吃一些漂浮到海岸边或者河口沙洲上的死鱼。有一次，我在沿着密西西比河旅行时就看到了这一幕：几只游隼正在忙着吃一些死鱼。当时，我每天在蜿蜒的大河上仅仅漂流几千米，历时4个多月，就为了自由地观察和捕捉一些不同的鸟类样本。在这一段时间里，我和我的同伴们看到了50多只这样的鸟儿，捕杀了几只，而你面前插图中的雌性游隼就是当时捕捉到的其中一只样本。在这只鸟儿的胃部，我们发现了鸟儿的骨头、少量绒毛、一只绿翅鸭的砂囊、鱼儿的眼睛以及许多鱼鳞。这只鸟儿被射杀的时间是1820年12月26日。它的卵巢中有无数的卵子，其中的两个有豌豆粒那么大。

　　在寻找食物的时候，游隼常常会飞到鹬类喜欢的潮湿的沼泽地，它们会停落在树木最高处的枯枝上。它们的脑袋不停地转动，仿佛在计算下面每一个大大小小的地方。这时候，若是有一只鹬类出现在它们的视野中，它们就会如利箭一般冲下去，振翅时发出沙沙的噪声，几百米以外都可以听得到。它们抓住猎物以后就会飞到不远处的树林，在那里吞咽它们的美餐。

　　游隼在进食时总是十分爱干净。一旦猎物被杀死，游隼就会将它翻过来，肚皮朝上，脚爪牢牢地摁住猎物，并开始用鸟喙熟练地啄掉它腹部的羽毛。每拔干净一部分羽毛，游隼就会将这部分皮肉大块撕扯下来，急切地吞掉。如果这只猎物的个头较大，它就会将边角废料扔掉；而若猎物较小，它则会将猎物撕成小块全部吞掉。如果这时有敌人靠近游隼，它就会带着猎物飞起来，飞进树林里。若是它偶然落在了草地上，比起落在树上，这时候它会更加谨慎小心。

　　游隼身形结构紧凑密实，体重较大。成熟后，肌肉坚韧，尤其有力量。随着年龄增长，羽毛变化较多。羽毛颜色，从最深的巧克力棕色到浅灰色，我都见过。它们的脚爪握力强，若是栖息在树上时被射伤，它们常常能抓住树枝悬在那里，直到生命的尽头。

　　许多人认为游隼与其他一些隼类都不会喝除了猎物血液以外的任何液体，这样的看法是错误的。我看见过它们停落在河口沙洲上，走到沙洲边，几乎将整个眼睛以下的头部没入水中，一口气喝掉许多水，就像鸽子们做的那样。

金雕

英文名 | *Golden Eagle*　　拉丁文名 | *Aquila chrysaetos*

18

金雕

猛禽 / 鹰形目 / 鹰科 / 雕属

尽管金雕在美国是一种留鸟，但是它们却极少出现在人们的视野中。除了那些居住在山区或山脚下大平原上的居民，一般人往往很难在一年当中见到一两对或者更多金雕。我在哈德孙海滨看到过几只金雕展翅翱翔，在密西西比河的上游地区见到过另外几只，在阿利根尼山脉地区也见到过一些金雕，在缅因州看见过一对这样的鸟儿。在拉布拉多地区，我们看见一只金雕在距离覆盖着苔藓的荒凉岩石仅仅几米的空中滑翔。

尽管金雕飞行起来十分有力，但是在速度上，金雕没有许多鹰隼的速度那么快，甚至连白头海雕也赶不上。它们不能像白头海雕那样在飞行中追逐和捕捉到它们渴望的猎物，而是在一定的高空中瞄准目标直扑下来。然而，它们敏锐的目光弥补了这种捕猎方法的不足。在相当高的高空中，它们能够准确地侦查到猎物，并且瞄准猎物的位置；金雕极少会失误，在确定了目标猎物的位置以后，它们就会如流星一般迅速落在猎物藏身的地点。在极高的苍穹中时，金雕的回旋方式异常美丽：此时，它们绕着大圈旋转，速度极为缓慢，完全展现出了鸟类之王的美丽雄姿。这样的回旋通常会持续进行几个小时，显然这样的飞行活动对它们来说是十分轻松自在的。

这一高贵的物种总是将巢穴安置在陡峭的悬崖上或是人类难以企及的壁架上。据我了解，它们从来不会在树木上筑巢。金雕的巢穴尺寸巨大，形状扁平，仅仅由一些枯死的枝叶和荆棘组成，十分简陋；甚至有时候，我们还发现金雕几乎将卵产在裸露的岩石上。金雕通常一次产卵2枚，有时也会产3枚。鸟卵长9厘米，大的一端直径有6.3厘米。卵壳厚而且平滑，为暗白色，整个看去仿佛刷上了一层具有不规则形状的棕色斑纹，而在大的一端这些斑点更密集。金雕产卵的时间通常在2月底或3月初。我从来没有见到过刚刚孵化出壳的幼鸟，但是我清楚，这些幼鸟在它们能够照顾自己之前是不会离开巢穴的。在这些幼鸟能够自己捕食之后，亲鸟就会将它们从巢穴中赶走,紧接着还要将它们赶出自己的猎场。这样的一对金雕,连续8年在哈得孙的岩石海岸上繁殖育雏,被它们用作巢穴的甚至是同一片岩石裂缝。

它们的叫声沙哑尖利,有时候与犬吠声相似。尤其在繁殖季节,金雕会变得极为吵闹、骚乱不安。这时候它们的飞行也更为迅速,落地也更为频繁,表现得极为焦躁。而一旦鸟卵落地,它们也就会安静下来了。

金雕可以连续几天不进食,而一旦发现食物,它们便会贪婪地大口吞咽。年幼的小鹿、浣熊、野兔、野火鸡以及其他较大型的鸟类都是它们经常捕食的猎物对象;只有在饿极了的时候,它们才会吃一些腐肉。其他的时候,它们从来不会飞落在腐肉旁。尽管金雕会直接吞咽掉连带着毛发和骨头的大块猎物,并在之后将无法消化的部分呕吐出来,但是它们在更多的时候还是会好好地清理掉动物的皮毛和鸟类的羽毛的。金雕的肌肉强健有力,生命力顽强,能够安然无恙地度过最残酷的寒冬,并且在最恶劣的天气中捕猎。一只完全长成的雌性金雕重5.4千克左右,雄性金雕比雌性金雕轻大约1.1千克。这一物种极少会从它们的繁殖地迁徙到很远的地方,一对金雕之间的配偶关系似乎会维持很多年。

诞生后的第四年,金雕才会长出最美丽丰满的羽毛。其他作者所认为的环尾雕,其实是第二年和第三年的金雕。美国西北部的印第安人喜爱用这种雕类的尾羽来装扮他们的身体和武器,他们猎杀金雕也是出于这种目的。

在对这一物种的描述之末,我想起了拉什博士在讲座中说起的一个关于恐惧对人类的影响的故事。在独立战争期间,一个连队的士兵驻扎在哈得孙河的高地上。一只金雕在河流之上山峰半腰间的岩石裂缝中筑巢。一名腰间系了绳索的士兵被他的同伴们慢慢地沿崖壁放了下去。当他来到这个巢穴面前时,突然受到了这只金雕的攻击。为了保护自己,这名士兵拿出身上唯一的武器——一把刀,对着这只金雕不停地砍杀,然而却意外地几乎将绳索砍断。绳索即将要散开时,上面的人连忙将他拉了上来,使他避免了跌落崖底的命运。当时的医生说,这名士兵在经历生命危机的时刻所感受到的恐惧是十分可怕的,在此之后的3天时间里,他的头发变成了灰白色。

白头海雕

英文名 | *Bald Eagle*　拉丁文名 | *Haliaeetus leucocephalus*

白头海雕

猛禽／鹰形目／鹰科／海雕属

这一高贵鸟类的形象在整个文明世界里已经为人们所熟知。它被绘制在了美国国徽之上，在每一片土地上迎着微风招展，是美国的象征，也向世界人民传递出这样一个和平、自由的国度的讯息。愿这种和平、自由地久天长！

白头海雕的飞行活动强劲有力，姿态通常始终如一，而且可以自在地飞行到任意远的地方。在旅行时，白头海雕可以同样轻易地振翅飞翔，在我的肉眼视野或望远镜帮助下的视野范围内，它们都在不间断地做拍翅动作。在寻找猎物的时候，白头海雕会伸展开翅膀，使其与身体呈直角，在空中滑翔，时不时地还会将两条腿完全悬垂下来。在滑翔时，白头海雕具备回旋着上升的本领，在滑翔时，它们不用扇动一下翅膀，也不必明显地活动翅膀或尾羽，就能盘旋着飞升起来。用这样的方式，白头海雕可以一直上升，直到它们消失在人们的视野中。白色的尾羽相比身体的其他部位留在人们视野中的时间更长。在其他时候，白头海雕仅仅升起到一两百米的空中，沿直线迅速地滑翔。而这样升起时，它们会稍稍地收拢翅膀，向下俯冲相当一段距离；当它们仿佛突然失望时，就会立即中断行程，而重新维持之前平稳的飞行。在极高的天空中时，要是侦查到了地面上的某个目标，它们就会收起翅膀，迅速地在空中滑行，制造出巨大的沙沙响。这声音与暴风穿林而过的声音不无相似之处。在这样的情形下，人们的目光几乎不可能跟上它们下滑的身影，尤其是当人们根本不曾注意到高空中潜伏着一只白头海雕的时候。

当这些白头海雕在天空中翱翔着寻找猎物时，它们时不时会发现一只鹅、一只鸭或者一只天鹅。这些停在水面上的鸟儿成了白头海雕的猎物。而白头海雕将它们摧毁的方式也尤其值得关注。白头海雕完全了解这些水禽在它靠近的时候有下潜的本领——这样它们就会从它的利爪下逃脱，因此两只白头海雕会飞到之前观察到目标猎物的湖泊或河流相反方向的空中。两只白头海雕都飞到一定的高度后，其中一只白头海雕极为迅速地滑向猎物；与此同时，它们的猎物意识到了白头海雕的意图，便在这只海雕来到它面前之前潜入水中，于是这只追逐者升到空中。伴随而来的是，它的同盟者向那只刚刚冒出头来呼吸的水禽滑去，接着这只水禽不得不再次潜入水中，躲避第二只攻击者的铁爪。第二只白头海雕已经在它同伴先前的位置摆好姿势严阵以待了，在这只猎物再次露出脑袋呼吸时，它又冲了上去，逼迫猎物再次下潜。在这样连番的迅猛攻击下，这只可怜的水禽很快便累得筋疲力尽。它伸长颈项，在深水中拼命地向岸边游去，企图在岸边茂密的青草中将自己隐藏起来。但是这根本无济于事，因为白头海雕紧紧地跟随在它的身后；在这水禽来到水边的一瞬间，其中的一只白头海雕扑了上去，瞬间将其杀死。之后，这两只胜利者开始分享它们的战利品。

但在春季和夏季，白头海雕为了获得食物，会采用不同的方法。这时它们的捕食方法看起来似乎一点儿都不适合它们的身份，让人大跌眼镜。鱼鹰刚刚在我们的大西洋沿岸露面，或者在我们无数的大河上游出现不久，白头海雕就追随而来了。白头海雕像一个自私的暴君，夺走了鱼鹰们辛苦得来的劳动果实。白头海雕栖息在某个高处，注视着下面的海洋或者某条河道，观察着在飞行中捕捉鱼类的鱼鹰的每一个动作。当后者从水中飞起，脚爪中紧抓着一条鱼儿的时候，等待已久的白头海雕就会追过去掠夺食物。一旦白头海雕凌驾于鱼鹰之上，它们就会做出一些夸张的动作；当然，这些动作的含义是争夺的双方都理解的。而后者或许害怕自己的生命受到危险，于是很快便放弃了到手的食物。在鱼鹰放弃的瞬间，白头海雕准确地估算到鱼儿下落的位置，它收拢翅膀，以所思量的速度追赶上去，下一秒钟便收获了它的战利品。它无声地将战利品带回山林间，喂养它永远饥饿的小掠夺者们。

这种鸟儿也会时不时地自己去捕鱼，在小溪中的浅水处追逐自己的猎物。在宾夕法尼亚州的伯科曼河上，我亲眼看见过一次这样的情形：一只白头海雕捕捉到了许多条滩头雅罗鱼。白头海雕迅速地在溪流中涉水，用鸟喙袭击鱼儿。我也观察到一对白头海雕在冰封的池塘上挣扎着前行，企图从池塘中捕捉到一些鱼儿，但是它们失败了。

白头海雕的食物也不仅仅局限于这些种类。它们会贪婪地吞吃猪仔、羊羔、小鹿、家禽以及这些动物的腐肉。它们驱赶走兀鹫、黑美洲鹫或野狗，让后者垂涎欲滴地在一旁等着，直到它们吃饱。白头海雕还会常常追逐兀鹫，强迫它们吐出胃中的食物，接着它们就会落下来，吞掉那令人作呕的一团食物。在密西西比河上的纳齐兹城附近，发生了一件滑稽的事。许多兀鹫在忙着吞咽一匹死马的腐肉和内脏，而这时一只白头海雕突然路过，兀鹫就全部飞了起来，其中一只刚刚将一半的内脏吞入口中，剩余的部分大约有1米长，从它的嘴中悬垂到半空。这只白头海雕立即锁定了猎物，接着就追了上去。可怜的兀鹫卖力地想吐出吞下去一半的食物，可是失败了；而白头海雕冲上去就抓住了内脏的另一端，接着强行拖着这只可怜的鸟儿前行了二三十米远，直到它们双双跌落在地面上。白头海雕起身猛烈地袭击兀鹫，仅用了几分钟就把后者杀死了。然后白头海雕安然地吃起了这美味佳肴。

在这些鸟儿受到突然的惊吓，或者意外地被靠近时，它们会表现得十分懦弱。它们会立刻飞起来，沿着弯弯曲曲的之字形路线低低地飞行，发出嘶嘶的声音。这种情形下的叫声，与它们平常发出的类似笑声的那种难听的叫声完全不同。

据说白头海雕的寿命很长，有人说它们的寿命甚至有100年那么久。在这方面，我只能说，我曾经发现过一只这样的鸟儿，在射杀后发现它是一只雌鸟，而且从外表上看去，它应该很老了。它的翅膀和尾羽都已经严重磨损，几乎褪色了，因此我认为这只鸟儿已经失去了换羽的能力。腿部和足部覆盖着较大的疣；脚爪和鸟喙也很钝；它飞行一次几乎不会超过100米远。即使这样，它的飞行动作也十分笨拙不稳，远远不及我见过的其他鸟类。它的身体非常瘦弱，但十分坚韧。眼睛似乎是唯一没有受到过损伤的器官，依旧闪闪发光、满是神采，甚至在它死后也没有失去多少光彩。

白头海雕的巢穴通常建在高大的树上，通常用长0.9～1.5米的树枝，大块的草皮、杂草，以及大量的西班牙苔藓和任何它们能够找到的材料来搭建。这些鸟儿连续几年都使用同一个巢穴，而每到繁殖季节，它们都会为这个巢穴加固一些材料。鸟卵有2～4枚，最常见到的是2～3枚，卵壳为暗白色，两端同样圆滑，有时候表面有一些颗粒，比较粗糙。孵卵的过程会持续3周以上。在幼鸟还很小的时候，亲鸟会十分爱怜它们的幼鸟。这时候来到它们的巢穴周围是很危险的。但是当幼鸟不断长大，可以展翅飞翔，能够自己寻找食物而又不愿意飞走的时候，亲鸟就会将它们赶出巢穴。然而，在之后的连续几周里，它们还是会返回巢穴中休息，或者栖息在巢穴旁边的枝干上。被亲鸟照顾时，幼鸟可以获得充足的食物。

在这篇关于白头海雕的文章最后，善良的读者，请允许我说，这种鸟儿竟然被选作了我们国家的符号，这多么令我难过。我们伟大的富兰克林先生在这个话题上的观点恰恰与我不谋而合，我愿意在此展示给你们。他在一封信函中写道："在我看来，我宁愿白头海雕没有被选作我们国家的标志。白头海雕是一种品德败坏的鸟儿，它没有通过诚实地劳作来谋生。人们可以看到它十分懒惰地栖息在某棵枯树上，自己不去捕鱼，而是看着鱼鹰劳动；当那辛勤的鸟儿最终捕获了一条鱼儿，带着它飞去喂养自己的配偶和幼鸟时，白头海雕就追了上去，掠夺他人的劳动果实。做下这等不义之事，它自然也没有落下好果子，总是会像那些通过欺诈和抢夺的手段来谋生的人一样，永远富有不起来，也永远体面不起来。除此以外，白头海雕还是一个彻头彻尾的懦夫：比如小小的食蜂鹟，身形大不过一只美洲树雀鹀，都能勇猛地攻击它，将它赶出自己的领地。因此，它无论如何也不是勇敢诚实的美国辛辛那提人的合格标志，因为后者将所有的"食蜂鹟"从我们的国土上赶了出去；不过按荣誉爵位的等级来说，法国人给它们的名字——'骑士'正好合适(骑士，为法国荣誉爵位中最低的一等)。"

美洲隼

英文名 | *American Sparrowhawk*　　拉丁文名 | *Falco sparverius*

美洲隼

猛禽／隼形目／隼科／隼属

在美国，只有少数几种鹰隼类鸟比这一活跃的小物种更为美丽，但是我相信，它们中没有哪一种的数量能有美洲隼的一半丰富。这一物种的分布也比较广泛，从路易斯安那州到缅因州，从大西洋沿岸到西部地区，都能见到这些鸟儿。每一个人都知道美洲隼，每当这个名字被提起，人们就会想起某个关于它们生活习性的有趣故事。美洲隼不会侵犯家禽，因此几乎不会有人去打扰它们，这一物种数量的自然增长也就不会受到人类的限制。尤其是在冬季的几个月里，在南方各州的每一片弃耕地、果园、谷场或花园中，都能见到这些鸟儿，但是它们却几乎不会出现在森林深处。

它们美丽优雅地站在最高的篱笆桩、树桩、谷堆或者谷仓的一角，安静耐心地等待猎物的出现。一旦有一只鼹鼠、田鼠、蟋蟀或蝗虫出现在它们的视野中，它们就会毫不犹豫地冲上去。如果很长一段时间都没有等来猎物，它们就会离开这一个据点，转移阵地。它们会在低空中迅速地飞翔，直到在几米远外找到一个中意的据点。它们会倏地升高，姿态极为优雅，稳稳地落在它们选好的地方，只有美丽的尾羽会剧烈地颤动一会儿，而翅膀却极为迅速地收拢了起来。它们用敏锐的目光观察着下面的一切，一旦目标出现，它们就会如利箭离弦般冲上去，用脚爪抓住猎物，回到原来的位置，将猎物撕成碎片并且吞下去。饱食之后，这些小猎手们就会飞到天空中，先是盘旋几圈，接着沿直线向前飞行，通过剧烈而持久地振动翅膀来平衡自己的身体，然后又冲着地面迅速飞去；有时又像失望了一般，突然止住行程，再次飞高并且前行。一些不幸的燕雀从它们下方的田野飞过，美洲隼立即瞄准了它们，迅速追了上去，焦急地要抓住它们的猎物。追逐很快就结束了，因为可怜的燕雀仓皇无措、体力不支，轻而易举就成了这个无情捕食者的猎物。美洲隼带着它的战利品飞到某个高枝上，熟练地拔掉燕雀的羽毛，撕下所有能吃的血肉，接着便把骨骼和翅膀扔到了树下。它们显然没有意识到这是一个错误，然而它们的残羹冷炙的确告知从树下走过的人类：某种生物又犯下了一桩谋杀案。

这些小歹徒们就这样度过了冬天。当春天归来、大地苏醒的时候，每一只雄性都开始寻找伴侣，它们温顺腼腆的性情与温和的鸽子不相上下。雌鸟被雄鸟紧紧地追随着，从一个地方到另一个地方，最终在它们诚恳的折磨者的不断纠缠下屈服；接着，它们就会肩并肩一起滑翔，尖声吟唱着它们的情歌。这鸣声纵然算不上悦耳，对于吟唱和聆听的双方来说无疑也是喜悦的。它们不断地振翅飞翔，寻找一个可以安全产卵的地方，当然最终一定会选择一个地方等待美洲隼宝宝的出世。

雌鸟会产下6~7枚卵，卵的形状圆润，布满了漂亮的斑点。雌鸟和雄鸟轮流孵卵，互相喂食，默默地关心着彼此和孩子。一段时间之后，幼鸟就破壳而出了。它们身体表面覆盖着白色的绒毛。它们生长得很快，因此不久便能离巢觅食。在它们有能力这样做的时候，亲鸟就会在一边怂恿鼓动它们。一些幼鸟会立刻在空气的托举下飞起来，而不那么强壮的幼鸟则会时不时地跌落到地面上。但是亲鸟在这时候还会为所有的幼鸟提供丰富的食物，直到它们能为自己捕食为止。

有时候，这一物种会遭遇较大的隼类的残酷对待。一只美洲隼捕捉到了一只美洲树雀鹀，正要带着猎物飞走，却突然被一只红尾鵟看到了。几分钟内，这只美洲隼就被逼得不得不放弃猎物：被追捕者为了逃生，不得不遂了捕食者的愿。

我常常在南部各州观察到这一物种的鸟类，它们在佛罗里达地区极为常见。不过这些美洲隼的个头要比中部和北方各州的美洲隼小得多，因此我几乎倾向于认为它们是不同的物种。但是在研究了它们的生活习性和鸣声之后，我确定它们完全是同一个物种。

苍鹰

英文名 *Northern*　拉丁文名 *Accipiter gentilis*

苍鹰

猛禽／鹰形目／鹰科／鹰属

苍鹰在美国的大部分地区都十分罕见，而且它们在北美地区的繁殖地目前尚不够明确。一些苍鹰在美国的境内繁殖，另一些在英属的新布伦威克省和新斯科舍省繁殖，但是它们中的大部分鸟儿为了寻找合适的繁殖地，还会继续向北方飞去。

苍鹰飞行得极其迅速而且持久。它迅速地飞过田野，穿过山林，沿着池塘和溪流边飞翔，速度极快。在飞行过程中，它会时不时地偏离一下航线，捕食一些猎物。它长长的尾羽在这时发挥了很巧妙的作用：它们就像方向舵一样，帮助苍鹰向上下左右调整飞行路线，或者突然在空中停下来。有时候苍鹰会像流星一样在山林间穿梭，轻松地捕捉一些松鼠和野兔。若是大群的野鸽子碰上了正在觅食的苍鹰，后者会立刻追上去，瞬间便追上它们，并且冲进鸽群中间。鸽群在混乱中四下逃散，我们再看见它时，它的铁爪中一定紧抓着一只鸽子。接着，它便下潜到森林深处，安然地享用它的午餐了。在旅行时，苍鹰总是飞得极高，翅膀不断地拍打，几乎从不会像其他的鹰隼那样绕着大圈盘旋。只有少数时候它才会这样做，但是做得也十分草率马虎，而且接着它便会继续旅行。

在大西洋沿岸，这一物种会追逐秋冬两季在那些地区常常能见到的无数的鸭群。因此，苍鹰与游隼一同消灭了许多绿头鸭、美洲绿翅鸭、黑鸭和其他的物种。苍鹰是一种不知疲倦的鸟儿，它们显然要比许多其他的鹰隼更加警惕和勤劳。苍鹰除了在吞吃食物的时候，极少会飞落下来。在我记忆中，也从来没见过哪一只苍鹰落地了几分钟，脚爪里却没有抓着一只鸟儿。带着猎物时，苍鹰也会站直，而且从某种程度上说，栖落时，苍鹰的身体要比大多数鹰隼都站得更直。苍鹰非常擅长在飞行中捕捉鹧类，以至于后者十分清楚它们对自己的威胁，一旦有苍鹰靠近，鹧科鸟类就会蜷伏起来。

苍鹰的巢穴建造在树木的枝丫间，通常在接近树干或主要枝干的位置。苍鹰的巢穴极大，与我们的短嘴鸦或者某些鸦的巢穴相似。搭建巢穴的材料是枯萎的小枝和粗糙的青草，内衬是类似大麻的植物纤维。然而，苍鹰的巢穴要比短嘴鸦的巢穴更美观一些。4月份的时候，我在一个巢穴中见到了3枚将要孵化的卵。鸟卵为暗蓝白色，稀疏地分布着一些浅浅的红棕色斑点。

苍鹰会经历多次羽毛变化。我看见过一些鸟儿胸前有大块的横向条纹，背部和肩部有白色的斑块，而另一些鸟儿胸前是精致的横纹，每一根羽毛的羽轴为棕色或黑色，上体表有朴素的灰色。幼鸟最初只在下腹部有一些散乱的棕色斑纹，有时也有斑驳的棕色条纹，背部和翅膀上的每根羽毛宽阔的边缘都为暗白色。

美洲的苍鹰与欧洲的苍鹰是否是同一物种？在这个问题上，很抱歉，我与其他的鸟类学家(如查尔斯·波拿巴和特明克先生)的观点相左。但是在经过了适当的考虑之后，我不得不认为这些鸟儿是同一物种。

鹗

英文名 | *Osprey*　拉丁文名 | *Pandion Haliaetus*

鹗

猛禽 / 鹰形目 / 鹗科 / 鹗属

这种著名的鸟儿的生活习性，与众多我们所了解的鸟类有着明显的不同，因此，对这种鸟儿做详细的描述，不难引起爱好自然的学生们的极大兴趣。

鹗(鱼鹰)相比其他鸟类更加具有群居的习性。事实上，我知道除了燕尾鸢，没有哪一种鸟类比鹗更喜欢群居了。鹗会大批迁徙，在春季，这些鸟儿会在我们的大西洋沿岸、湖泊和河流上露面；而在秋季，它们则会回到温暖的地区。在这些季节里，它们会以8~10只为一小群一起露面，稀稀疏疏地追随着我们的海潮，或滑行或振翅，螺旋交错着起起伏伏。在它们待在美国的这一期间，人们可以看到很多对鹗在这里筑巢繁殖育雏。这些鸟儿的筑巢地常常离得很近，因此在我们的东海岸边上，每隔不远的距离就可以看到一个这种鸟儿的巢穴。

鹗的性情比较温和。这些同类的鸟儿不仅十分和谐地相处在一起，而且还允许性情和生活习性与之大不相同的鸟儿靠近它们，甚至在它们的巢穴旁边筑巢。我还从来没有见到过任何一只鹗追逐其他种类的鸟儿。鹗性情还比较胆怯，在遇到稍强的敌人时，它们就会放弃自己得到的猎物，尤其是遇到白头海雕时。白头海雕是人类之外鹗的最大天敌。鹗从来不会像其他相似的鸟类那样逼迫雏鸟离巢，相反，它们甚至会在幼鸟具备一定的捕食能力时依然捕食来喂养它们。

除了这些事实之外，在我们的渔民和海岸边的农民中间，还流传着一个十分错误的观念，那就是：鹗的巢穴是他们自己的房屋或土地周围最好的稻草人。这些人们认为，只要在他们居住的附近地区栖息着鹗，就不会有其他的猛禽出没来攻击他们的家禽。但是大部分猛禽从这些地方离开时，鹗之所以出现在我们的海岸上，仅仅是因为这些猛禽需要飞去内陆偏僻的地区来安全地养育幼鸟。而它们到访海岸边，则主要是在冬季即将来临、大量水禽来到我们的河口时。在春季回归、鹗来到的时候，猛禽们则会离开海岸边和盐碱滩。然而，这样的观点有利于保护鹗，渔民也出于这样的原因，会在任何人企图摧毁他们最爱的鸟类时出面调停。

鹗在空中的动作十分优雅，而且与雕类的飞行姿势一样漂亮。鹗能在翅膀和尾羽的帮助下轻松地绕大圈盘旋飞行，直到很高的空中。它们会时不时半闭合着翅膀下潜到水下一段距离，接着又马上飞出来在水面上优雅地滑翔，仿佛下潜的动作只是为了娱乐一般。它们的翅膀展开时，与身体呈直角，十分奇特，经常观察鸟类飞行动作的人们可以很轻松地将这种鸟儿与其他的相似物种区分开。在寻找食物的时候，鹗会在离开水面一定高度的空中轻快地振翅，模样看似倦怠，但是实际上却在敏锐地观察着下方的目标。一旦它们注意到了一条符合它们胃口的鱼儿，它们就会突然转动翅膀和尾羽将这一目标半路截获。所以远远看上去，就仿佛这鸟儿在半空中悬停了一会儿，接着便十分迅速地扑向水下的猎物，捉住猎物；如果猎物不幸潜入水中，它们则继续飞行，寻找下一个目标。

当鹗追着鱼儿扎入水中时，它们有时会消失在水中一段时间。它们扎入水中的动作十分迅猛，以至于会在它们的入水点处激起不小的浪花。带着猎物出水时，它们抓住猎物的方式如插图中所示。它们会飞到几米高的空中，甩掉羽毛上的水，铁爪牢牢地抓住鱼儿，飞向它们的巢穴，哺乳幼鸟，或者是飞到一棵树上，安然地吞吃掉自己辛苦得来的果实。填饱了肚子之后，它们并不会像其他的鹰隼鸟类一样栖落在树枝上等待饥饿感的再次光临，而是会继续在附近水域之上的高空中盘旋。

鹗的巢穴通常建在靠近水源的大树上，有时候在海岸边，有时候在内陆湖泊的边缘或者某些较大的河流岸边。这些鸟儿的求偶活动与同类的其他物种并不相同。雄鸟会在空中玩耍，嬉戏着互相追逐，或是在它们选择的雌鸟身旁或身后滑翔，发出愉悦的鸣叫声。接着，它们开始装潢它们的住所，或是修缮经冬留下的破损处。人们可以看见它们一起飞向海滩，在那里收集被海潮冲上来的海草，并用它们将自己的居所装饰一新。它们落在海滩上，寻找干燥的大海草，将其堆成大团，接着将这些材料牢牢地抓在铁爪中，向着巢穴飞去……落下来后，它们又会继续建造新家。建造巢穴的工作需要用两周的时间才能完工。雌鸟会产下卵，通常有3～4枚，形状为宽阔的椭圆形，黄白色，有密集的大型不规则红棕色斑点。

雄鸟会参与孵卵育雏的工作。在孵卵工作期间，亲鸟会轮流为自己和配偶寻找食物，直到雏鸟孵化出壳。随着雏鸟慢慢长大，亲鸟会越来越喜爱它们。亲鸟充满了父爱和母爱,这时候任何试图抢走它们珍贵爱情果实的尝试都不仅是徒劳无功的,而且是十分危险的。亲鸟为了保护自己的幼鸟表现出的勇气和毅力令人吃惊。它们有时甚至会伸出脚爪和鸟喙勇敢地与侵略者战斗。入侵者最好还是在体无完肤之前离开。

我经常听人们言之凿凿地说,当鹗试图抓住的鱼儿力气太大时,鹗有时会被拖入水中淹死,他们发现一些这样被淹死的鸟儿,死的时候脚爪还刺在鲟鱼和其他大型鱼类的背上。但是就我目前观察的情况而言,还没有发现类似的情况,所以我不能在此佐证这样的说法。我见到过的这种鸟儿从水中抓到的最大的鱼,是一条犬牙石首鱼,如插图中展示的鱼儿。但是那条鱼足有2.3千克重。这只鹗十分艰辛地带着鱼儿飞了起来,但是在听到枪声朝它打响时,还是放弃了这只巨大的战利品。

燕尾鸢

英文名 | *American Swallow-tailed Kite*　拉丁文名 | *Elanoides forficatus*

燕尾鸢

猛禽／鹰形目／鹰科／燕尾鸢属

这一优雅的物种飞行活动持久而且飞行姿态优雅。它们悠然自在地在空中穿梭；任何乐于观察鸟儿的人都会为看到这种鸟儿展翅飞翔的场景而喜不自禁。它们轻快地拍打着翅膀滑翔，绕着大圈盘旋至高高的天空中，叉形的翅膀向不同方向倾斜来帮助鸟儿调整飞行的方向，下潜时速度又如闪电一般，或戛然而止，紧接着又再度上升，最终消失在人们的视野里。有些时候，一群这样的鸟儿大约有15～20只，人们可以看到它们在树木周围盘旋。它们不断在枝干间迅速地穿行，搜寻着树干，捕捉它们沿途所能找到的昆虫和小蜥蜴。它们的动作迅速得让人惊异。在飞行中寻找食物时，它们弯曲的路线、突然的折回和交叉以及劈开空气的轻松，都让观察者赞叹不已。

在路易斯安那州和密西西比州，这样的鸟儿数量很多，它们在4月初会成群来到这里。人们会听见它们发出尖锐的哀怨鸣声。在这一阶段，我通常会注意到燕尾鸢从西方而来，经过我头上的天空径直向东方飞去；在一个小时的时间里，我数到了超过100只燕尾鸢。在那个季节里，以及7月初当它们纷纷离开美国时，它们一旦飞落下来，就很容易被接近。那时候它们往往已经十分疲惫，而且在忙碌地梳洗清理羽毛，为接下来的继续迁徙做准备。然而，在其他的时候，要接近它们实在是一件不易的事情，因为这些鸟儿白天总是在飞翔；在夜间休息的时候，它们也总是栖息在河流、湖泊以及沼泽边缘最高大的松树和柏树上。

它们总是在飞行中进食。在平静温暖的天气里，它们会飞到浩瀚的高空中，追逐着蜻蜓，做着人类所能想象出的最非凡的回旋，尾羽优雅的动作也是独树一帜的。然而它们的主要食物是较大的蝗虫、毛毛虫、小蛇、蜥蜴和青蛙。它们在田野里低低地飞行，有时会短暂地停下来捕捉一条蛇。它们会抓住蛇的颈部，带着猎物飞起来，接着在飞行中将猎物吞掉。在这些鸟儿寻找蝗虫和毛毛虫的时候，猎人们可以在篱笆或树木的掩护下比较轻易地靠近它们。如果一只鸟儿被射中并且落到地面上，整群燕尾鸢都会冲到这只鸟儿跟前，似乎想将它带走。但这为猎人射杀更多的燕尾鸢提供了很好的机会。我也用这样的方式，飞速地重装弹药，快速地射击，射杀了几只燕尾鸢。

燕尾鸢十分喜欢到访溪流边。这些溪流上往往拥堵着顺流而下的木材及淤积的沙土，无数的水蛇躺在那里晒太阳，而燕尾鸢来到这里就是为了捡食一些这样的食物。在其他时候，它们则在树干间飞来飞去，捕食蝗虫和它们的幼虫。尽管在飞行时，它们的姿态十分优雅自得，很难用人类的语言加以描述，然而在陆地上时，它们却几乎不能行走。

我曾经将一只翅膀受了轻伤的燕尾鸢养了几天。但是它拒绝吃东西，头部和尾部的羽毛直直地立着，还几次将它胃里的食物呕吐了出来。除非它被人拿着翅尖提了起来，否则它是从不会背躺着伸出脚爪攻击人的。它一直拒绝吃摆在它面前的许多食物，而且还会立刻吐出被强行送到它喉咙里的食物，因此它最终还是饿死了。

燕尾鸢一来到南方各州，就立即开始繁殖任务。它们的巢穴通常建在溪流或池塘边缘高大橡树或松树的最高枝条上。巢穴外部与乌鸦的巢穴相似，材料是干枯的树枝和铁兰，内衬是粗糙的草和少量羽毛。鸟卵有4～6枚，为绿白色，在大的一端有少量不规则的深棕色斑块。雄鸟和雌鸟轮流坐窝孵卵，互相喂食。幼鸟起初身上覆盖着淡黄色的绒毛；接下来，它们拥有的羽毛就与成年鸟儿类似，为纯白色和黑色，但是没有成年鸟儿那光亮的紫色羽毛。尾羽起初只是略微呈叉形，在几周之后尾羽的形状就会更加明显，而在秋季到来的时候，它们的尾羽特征就已经与成熟的鸟儿无异。燕尾鸢在9月初离开美国，成群地一起迁徙。在繁殖季节过后，这样的迁徙鸟群就会立即集合起来。

我从来没有见过一只燕尾鸢停落在地面上。它们在捕捉食物的时候会飞得很低，不断地接近猎物，然后将猎物抓住，最后飞走。因此在这么做的时候，它们有时看起来就像落地了一般，尤其是在捕捉一条蛇的时候。插图中的燕尾鸢捕获的是一条花纹蛇。

白尾鹞

英文名 | Hen Harrier　　拉丁文名 | Circus cyaneus

白尾鹞

猛禽／鹰形目／鹰科／鹞属

这一物种会在美国的大部分地区出现。理查森博士在北纬65°地区获得了一些白尾鹞样本，而汤森先生在哥伦比亚河平原以及密苏里河沿岸的广袤草原上也发现了白尾鹞。我在纽芬兰和拉布拉多、得克萨斯州以及这个国家中部的每一个地区都见到过白尾鹞。

尽管白尾鹞飞起来比较轻盈优雅，但是既算不上迅速也算不上强劲。不过它们的飞行活动持久，坚持飞行的时间长。白尾鹞身形小，体重轻，而翅膀和尾羽极长，这些特点都是其他任何鹰隼类无法相比的。在寻找猎物的时候，它们最自由无拘地沿着相当无规则的路径滑翔；它们时常从原本的路径上偏离，从沼泽地、草原或草地上长长的青草间或者沿着荆棘密布的田堤向四周瞥去。事实上，白尾鹞很少会在飞行中捕捉食物，不过我自己倒是见到少数几只这样做的白尾鹞。而且，白尾鹞也不会带着猎物飞行。通常，当它们观察到合它们胃口的食物时，便会突然停下来，稍稍拍打几次翅膀就摆好了姿势，接着以惊人的速度冲向那可怜的猎物。它们通常会将这些猎物就地撕碎并吞食下去。然而，若是它们失误了，猎物逃走了，它们就会同样迅速地飞起来，继续向前飞行。在白尾鹞进食的时候，有经验的猎人可以很容易地靠近它们，使它们受到惊吓，并且将它们射杀，因为它们在慌乱中飞起来时，选择的路线往往不利于自己逃生。在受伤落地时，为了躲避不断逼近的猎人，它们会不断地跳跃，并且跳跃的速度非常快，有时候猎人们要十分努力才能追赶上它们；而当这些鸟儿被追赶上时，它们就会腹部朝上躺着，脚爪迅速地出击，锋利的脚爪完全可以对它们的敌人造成十分严重的伤害。

我注意到，秋天在西部的草原上会飞来成群的白尾鹞，少的有二三十只，多的甚至有40只。它们似乎在迁徙，因为它们在距离草原45～55米的空中飞过时，对草原上的食物毫无兴趣；但是在所有这些时候，我发现它们从来不会仅仅专注于一条路线，一些白尾鹞会向南飞去，而另一些则会向北方或东方飞去。我多次观察到，在冬季来临的时候，这些鸟儿会沿着一些大河的青草岸堤边飞翔。此时它们似乎一心向南方飞去，但是后来自然学家们证实，它们仅仅是为了追逐在这条路线上迁徙的大量雀科鸟类。

在冬季，白尾鹞在飞行中发出的叫声很刺耳，声音类似音符——"pee、pee、pee"；第一个音符声音小，最后一个音符声音大，持续时间长而且音调婉转。在求偶季节中，它们的声音更像我们这里灰背隼的叫声；尤其是在雄鸟和雄鸟相遇时，为了争夺一定的领地和它们心仪的雌鸟，它们发出的示威叫声更是如此。

白尾鹞会在美国的许多地区繁殖育雏，而且它们也会在我国边境以南和以北的地区寻找合适的地方哺育下一代。正如蓝翅鸭和一些其他的物种一样，到目前为止，人们推测它们会飞去高纬度地区繁殖。当然我们确定，众多的白尾鹞会飞去高纬度的北方地区繁殖，而在秋季则飞回南方过冬。不过还有很大的可能：同样比例的白尾鹞会在美国的本土繁殖育雏。

欧洲作家描述过一些白尾鹞的繁殖环境，但是我从来没有遇到过那样的情形。我见到的巢穴通常建在平原或者山岭地区平坦的土地上。然而，正如我十分熟悉的那样，鸟儿们会根据所处的环境来选择筑巢地，甚至会选择它们巢穴的外形和材料。因此我觉得，这些在其他各方面都相似的鸟儿，不能只因为繁殖环境这一个不同之处便被看作不同的物种。一些自然学家陈述说，欧洲的雄性白尾鹞在孵卵一开始就会抛弃雌性白尾鹞，如果这种说法是正确的，那么这一点显然是个鲜明的特征。但是这一点仍有待证实。白尾鹞在第一次配对之后，雌雄鸟总是会一起飞来飞去地寻找食物来喂养它们一家，直到幼鸟有能力飞离巢穴自己捕食。我熟悉的每一种鹰隼类鸟儿也同样如此。

威尔逊一定是从南卡罗来纳州某个不熟悉这一物种、也不明白刺歌雀来去时间的人那里得到了错误的信息，因此他才会说白尾鹞"对南方各州的稻田十分有用，因为它们会在刺歌雀群中造成极大的混乱，而后者却会严重地伤害早期的稻谷。当它们在田野上空低低地迅速飞翔时，会让刺歌雀群一直处于混乱中，这极大地影响了它们的破坏工作。种植园主们认为，一只白尾鹞可以顶得上几个黑奴的大声吆喝"。然而，善良的读者们，我的朋友约翰·巴克曼居住在南卡罗来纳州20多年，并且一直在观察研究自然，对于这种鸟类的生活习性尤其注意。他告诉我，白尾鹞在这个州相对稀少，而且它们只有在刺歌雀离开这个国家飞向南方的时候才会露面，而在春季到来、刺歌雀回来之前，它们早已经离开。

雪鸮

英文名 | *Snowy Owl*　拉丁文名 | *Bubo scandiacus*

雪鸮

猛禽 / 鸮形目 / 鸱鸮科 / 雕鸮属

这一美丽的鸟儿在美国仅仅是一种冬候鸟,在11月份以前人们很少能见到它们,而早在2月初,它们就已经离开了。它们时不时地沿着海岸边飞行,有时候甚至会来到乔治亚州。我时常在肯塔基州的低洼地区和俄亥俄州见到这样的鸟儿。但是在宾夕法尼亚州和新泽西州它们更为常见;不过,在美国,雪鸮数量最多的是马萨诸塞州和缅因州。

雪鸮在白天和黄昏时觅食。它们的飞行活动坚定有力、持久,而且也平稳而安静。它们在猎场上空轻盈地飞过,猛扑在猎物背上捉住猎物,而且通常会将猎物就地吞食掉。当被追逐的目标(比如野鸭、松鸡或者鸽子)在飞行时,它们会不断地追赶这些猎物,袭击猎物的方式与游隼有些相似。它们喜欢在有河流、小溪以及瀑布和湍急的浅流地区出没。它们在这些水域边上捕捉鱼类,捕鱼的方式与野猫相似。它们还会监视为麝鼠设下的陷阱,在这些动物被捉后立即上去将它们吃掉。它们最常见的食物包括野兔、松鼠、田鼠和鱼类,我曾经在它们的胃中见到过所有这些食物的残渣。几只漂亮的雪鸮被射杀后,我立即检查了它们的尸体,发现它们的胃部极纤细、柔软,而且弹性很大。在其中一只雪鸮的胃中,我发现了一整只较大的老鼠,这只老鼠被撕成了大块的碎片,头部和尾部几乎是完整的。这只鸟儿十分肥胖,它的肠较细,直径几乎不足6.3毫米,长度有1.37米。

剥皮之后,雪鸮的身体一眼看去似乎很结实,肌肉部分较大,因为它的胸肌较大,大腿和腿部也是这样。这些部分覆盖着的肌肉都呈现出较好的状态,与鸡的肌肉相似,而且它们的肉也不难吃。不过相比其较大的体型来说,它们胸腔十分狭小,胸部的龙骨与叉骨关联处足有0.3米厚,而叉骨较宽。心脏和肝脏较大;食管非常宽,因此这种鸟儿可以一次吞下大块的食物。

我所做的这些观察让我相信,这一物种羽毛上纯净美丽的浅黄白色,在一定年龄之后都会在雌性和雄性鸟类身上表现出来。我曾经射杀过一些雪鸮,这些雪鸮十分年幼，正如我认为的那样，它们长着几乎整齐的浅棕色羽毛。这令我迷惑了很多年，因为我起初曾认为它们是不同的物种。事实上，这也让我相信这些鸟儿幼年时就是棕色的。其他的雪鸮身上有着或多或少宽阔的深棕色或黑色的横向条纹；但是我还看见过一些雌性和雄性雪鸮样本，它们的羽毛上完全没有斑点，只有后半部分的斑点是我观察到的所有雪鸮样本身上都有的。

　　每年冬天都会有几只这种坚强的北方物种来到路易斯安那州的俄亥俄瀑布下。一天早晨，天刚刚放亮，我在一堆漂流来的木材下躲着，等待着机会猎杀几只野雁。这时，我有幸看到一只雪鸮捕食鱼儿的经过：在水岸边等待猎物的时候，它们总是平卧在岩石上，身体沿着水潭边纵向栖卧，而头部则朝向水面。这只鸟儿会一直保持这个姿势，直到有好的捕鱼机会出现，因此看上去这只鸟儿就像熟睡了一样。在它们真正决定起身捕鱼的时候，我相信它们从来没有失手过。因为在鱼儿毫不知情的情况下，雪鸮突然从水边钻出水面的一瞬间，它靠近水面的脚爪会立即伸出去，以闪电般的速度抓住鱼儿，并且将它带出水面。雪鸮接着会飞到几米远的地方，吞掉猎物，接着飞回到同一个地方；若是在这里它发现没有更多的鱼儿可以捕食，它就会在众多水潭几米高的上方飞过，选择一个中意的水潭，接着落在它不远处。它会蹲下身来，慢慢地向水边移动，并且以同样的姿势在水边平卧下，等待着捕捉猎物的机会。任何大小的鱼儿一旦上钩，它就会伸出另一只脚爪抓住猎物，接着带猎物飞到较远的地方。我曾经看见过两只雪鸮带着它们的猎物飞去了树林，仿佛那里就是安全之地。在这些时候，我从来没有听见过它们发出一丝鸣声，即使在这两只鸟儿参与分赃的时候也是一样。而若是它们捕捉到的鱼儿个头很大，则常常会有两只雪鸮一起来分享食物。在日出时分，或者日出不久，雪鸮就会飞去树林，直到第二天早上我才能再次见到它们。在亲眼看见了同一番绝技之后，我找到机会一次性将这两只雪鸮都射杀了。

关于这种鸟类在缅因州北部的繁殖习惯，人们跟我说了很多，因此这些描述或许是准确的。在新斯科舍，冬季的时候它们的数量十分丰富。皮克图大学的麦克卡尔洛奇教授从他的收藏中向我展示了几只美丽的样本。关于雪鸮的栖息地和繁殖方式我一无所知，尽管在拉布拉多我提及这种鸟类时每一个当地人都知道，但是我们一行人却没有在那儿见到一只雪鸮。在纽芬兰的时候，我们的搜寻也同样不成功。

小雕鸮

英文名 | Lesser Horned Owl　　拉丁文名 | Bubo magellanicus

小雕鸮

猛禽 / 鸮形目 / 鸱鸮科 / 雕鸮属

尽管这一物种是在南方各州发现的，但是在那儿它们的数量却极为稀少。我在路易斯安那州居住过较长的一段时间，但是我在那儿见到的小雕鸮数量不过才两只。在不断靠近俄亥俄河和密西西比河的汇流处时，我们发现小雕鸮的数量越来越多；在俄亥俄河的瀑布之上，它们的数量在增多；当旅行者沿着这条高贵的河流溯源而上时，在温和安宁的夜晚，在河流的每一段都能听到它们哀怨的鸣叫声。

小雕鸮的飞行活动平稳、迅速、持久而且安静。为了捕捉大型的甲壳虫，它们有时会在我们森林中最高大树木的树冠上飞翔。在其他的时候，它们也会在田野上空或者山林间迅速低飞，寻找小鸟、田鼠、鼹鼠或林鼠。这些动物是它们赖以为生的主要食物。有时在飞落时，它们会做出一系列动作：首先立即弯下身体，转动头向后看，奇怪地点动脑袋，发出鸣叫声，然后摇晃并且整理羽毛，接着又重新飞起来寻找猎物。在飞翔时，它们时不时地会用上下颌发出咔嚓咔嚓的鸣叫声——当它栖落在伴侣或幼鸟附近时，它们也会经常地发出这样的鸣叫声。因此我想，这些鸟儿发出这样的声音是为了显示自己的勇气，让听众们认为它们不是好惹的，尽管被捕捉到时很少有鸟儿能比它们更加温顺。大多数时候，这一物种会让人触摸它们的羽毛、轻抚它们，而不会试图去撕咬或用脚爪攻击人。我曾经带着插图中的一只幼鸟旅行。我把它放在我的外衣口袋里，经过水路和陆路，从费城一直去到纽约。它一直都很安静，从我的手上啄取食物，从来没有试图逃走过。

这种鸮类的鸣声震颤、哀伤，与人在寒冷时牙齿打战的声音相似，只是会更响些。它们的叫声在几百米以外就可以听得见，有些人认为听见它们的鸣叫声是不吉利的。

这些小家伙常常在农舍、果园和花园周围出现。它们停落在屋顶、篱笆或者花园的门上，连续几个小时鸣唱着哀怨的小调，仿佛它们的内心正承受着莫大的痛苦。但是事实远不是如此，所有鸟儿的歌声都暗示着它满足和幸福的心情。在求偶季节，雌鸟激发了雄鸟温柔的情绪，而雄鸟则格外地关怀它更美丽的一半。它飞来飞去，或是雄赳赳地走来走去，就像普通的鸽子那样，还会不断地点头和弯腰。这一场景十分有趣。

　　小雕鸮的巢穴建在中空树干的底部，常常离地面有2米左右。而在其他的时候，巢穴又会在9～12米高的地方。巢穴是用一些青草和羽毛编织而成的。鸟卵有4～5枚，几乎为圆形，纯白色。要是不受到打扰，这一物种在一个繁殖季节里仅会产1次卵。在能够飞翔之前，幼鸟一直待在巢穴中。起初，它们的身上覆盖着暗黄白色的绒毛状物质。在8月中旬以前，它们的羽毛已经长好，颜色总体上与插图中展示的一样，不过不同的个体间羽毛的差异较大，因为我就见到过一些个体的羽毛为深巧克力色，而另一些则接近黑色。在第一个春季，幼鸟的羽毛就完全和成年鸟儿的羽毛一样了。

长耳鸮

英文名 | Long-eared Owl　拉丁文名 | Asio otus

长耳鸮

猛禽／鸮形目／鸱鸮科／长耳鸮属

    长耳鸮的分布，在中部和东部大西洋地区要比南部或西部更加丰富。在那里，白天的时候，常常可以看见它们栖落在低矮的灌木或冷杉的树冠上。它们站在那里，身体直立着，但是跗跖骨弯曲，依靠在一根枝干上，就像几乎所有鸮类会做的那样；而头部似乎是最大的部分，身体比人们通常描绘的要纤细得多。它们还会时不时地直起腿站立着，腿部和颈部伸直，仿佛是为了更好地观察进犯者。刚刚被观察到时，它们的眼睛是闭上的；略微有响声，它们就会睁开眼睛。要十分靠近这些鸟儿也不是一件困难的事。在这些时候，它们很少会起飞，而是大步跳跃着，躲进灌木丛中。

    在养育幼鸟的环境方面，长耳鸮比较粗心。它们常常会满足于使用其他鸟类废弃的巢穴，只要这个巢穴的尺寸足够合适，不管所处的位置高低，在岩石裂缝中还是地面上，它们都会留下来产卵坐窝育雏。不过，有时候长耳鸮也会自己筑巢，而且我发现宾夕法尼亚州朱尼亚塔河附近的一只长耳鸮就是这样做的。这个巢穴用绿色的嫩枝和嫩枝上的小叶编制而成，内巢里衬着柔软的青草和羊毛，但是没有羽毛。鸟卵通常有4枚，两端都接近圆形，壳很薄，表面光滑；新产的卵为纯白色，略微带有点红色。

    理查森博士陈述说："长耳鸮在4月份产卵，而幼鸟在5月份就能飞翔；德拉蒙德先生于7月5日在地面上发现了一个巢穴，其中有3枚卵。他将两只亲鸟都射杀了。在将上文中提到的鸟卵与英国长耳鸮的卵相比较之后，我们发现美国长耳鸮的鸟卵要小一些，而形状和颜色都是相同的。"

    当我在树林中露营时，我常常听到这种鸟儿在夜里鸣叫。它们的鸣声悠长、哀怨，尽管只是时不时地重复两三个音符。

    长耳鸮的食物有野鼠、田鼠等小型四足动物（包括各种鸟类）。我发现长耳鸮的胃里塞满了羽毛和鸟儿的残骸。

仓鸮

英文名 | Western Barn Owl   拉丁文名 | Tyto alba

仓鸮

猕禽／鸮形目／草鸮科／草鸮属

美国的仓鸮在南方地区要比其他地区多得多。我在宾夕法尼亚州以东的地区从来没有见到过这种鸟儿，而在该州我也只见过两次，在西部地区我从来没有见过，哪怕是听说过这种鸟儿。在我到访拉布拉多时，我从来没有见过一只仓鸮，也没有发现一个曾经见过这种鸟儿的人。不过跟我交流过的人都非常熟悉雪鸮、乌林鸮和鹰鸮。

佐治亚圣西蒙岛的托马斯·巴特勒·金先生给我送来了两只非常漂亮的仓鸮样本，这些样本是被活捉来的。其中一只到达查尔斯顿后不久就死去了；另一只样本来到我这里时还活得好好的。在我到达这个城市之前，受到委托暂时照顾它们的人已饲养了它们许多周，并且告诉我，在夜里它们的鸣叫声总是会吸引来许多只同类的鸟儿，这些鸟儿会在周围不断地盘旋飞翔。

仓鸮总是在夜间或黄昏的时候外出觅食。在白天受了打扰时，它们会十分慌张、不知所措地飞起来，仿佛不知该去哪里寻找一个安全的栖息处。经过长时间的观察后，我得出满意的结论，那就是：我们的仓鸮完全以小四足动物为食，而我从来没有在它们的巢穴附近见到过鸟类的任何残渣，在它们的消化物中也从来没有见到过一根羽毛，有的只有陆性四足动物的骨头和皮毛。

仓鸮的飞行方式轻盈、有规律而且十分持久。它们会从9～12米的高空中迅速飞过，悄然无声地落在猎物的身上。它们常常会飞下来，落在一个树枝上，等待捕食的好机会。在白天的时候，它们几乎不会出现在人们眼前，除非受到了意外打扰。但是即使受到打扰飞了起来，它们也会立即重新找到一个地方，将自己藏起来。我还不清楚它们会不会像雪鸮那样去吃一些鱼类，我也没有见过一只仓鸮追逐鸟儿。仓鸮总是会照顾好自己，它们会在老建筑周围搜寻，找到树洞和其他的洞穴时会钻进去休息。在圈养时，它们可以被随意地喂食各种肉类，会连续站在同一个地方好几个小时，常常单腿站着，将另一条腿收拢到腹部。我曾经看到一只仓鸮连续6个小时保持着这样的姿势站在我的画桌上。

这一物种从来不会出现在森林深处，而仅仅在大草原周围的山林边缘或长满荆棘和杂草的弃耕田上出没。它们的主要食物包括田鼠、鼹鼠、野鼠等小型四足动物，而在那些地方，这样的食物最为丰富。它们几乎不会出现在离海洋太远的地方。我没听过它们像其他鸦类鸟儿那样发出任何鸣叫声；但是它们会发出沉闷的嘶嘶声，一次会持续几分钟；这样的声音总是让我想起一只负鼠因窒息将要死去时发出的声音。

在地面上时，仓鸮前进的方式是侧着身体跳跃，身体使劲儿向地面方向倾斜。若是只有翅膀受了伤，它们常常还能敏捷地逃走。它们的听觉十分灵敏，在注意到猎人靠近时，它们不会像隼类那样立即做出防御的姿势，而是立即竖起羽毛，伸展开翅膀和尾羽，发出嘶嘶声，并且大声而迅速地碰撞自己的上下颌。若是将它们捉在了手中，它们仍会撕咬挣扎，用鸟喙和脚爪给捕猎者制造出深深的伤口。

要是说仓鸮或者任何其他的鸦类总是会一下子吞咽掉整只猎物，这无论如何也是不正确的。我圈养的一些仓鸮会用它们的鸟喙撕碎年幼的野兔，就像隼类鸟儿做的那样；老鼠、小野鼠和蝙蝠是我所见过的它们囫囵吞下的最大食物，而且它们也不总是很轻易就能吞下。我常常观察到仓鸮的足部和腿部覆盖着新鲜的泥土，因此我倾向于认为仓鸮会用爪子从老鼠和鼹鼠浅浅的洞穴中挖掘出这些猎物，这一点与我们西部平原上的穴小鸮的习性有些相似，而后者也与它们一样，腿部十分长。在房间里飞行的时候，它们几乎是悄无声息的，因此它们能从一个地方飞去另一个角落而丝毫不被人察觉。尽管它们能吐出胃中那些不易消化的东西，但是要吐出这些东西并不是一件容易的事。而且我没有观察到过这样的行为会在任何有规律的时间里发生。

BIRDS OF AMERICA
VOLUME Ⅱ
OSCINES

卷 二

鸣 禽

紫崖燕

英文名 | *Purple Martin*　　拉丁文名 | *Progne subis*

紫崖燕

鸣禽／雀形目／燕科／崖燕属

2月1—9日，紫崖燕开始在新奥尔良露面，有时候时间上还会稍稍早几天。从那之后，人们就可以看见它们在城市和河流之上的天空中嬉戏雀跃，捕食许许多多各种各样的昆虫。而在这一季节中，那里生长着的这一类食物是很丰富的。

栖息在我们这里时，它们常常会养育3窝幼鸟。在返回南方各州时，它们不需要等到像春天那样的温暖天气才动身，而是在8月20日左右便动身离开上面提到的所有地区。50～150只紫崖燕一群，聚集在城市教堂的尖塔周围或者农庄周围某棵较大枯树的枝条上，一连几天，等待着最后的启程。从这些地方，它们偶然会突然飞出去，发出一声鸣叫，向西方飞去，十分迅速地飞上几百米的距离，然后突然止住行程，转身轻松地滑翔回原来的尖塔或者大树上。它们这样做似乎是为了演习锻炼，以及确定自己将要踏上的行程，为大部队在冗长行程中即将遇到的困难做准备。在这些准备的日子里，停落着的时候，它们会将大部分时间用于梳理和润滑羽毛，并且处理掉皮毛上每一个角落寄生的虫子。夜晚的时候，它们会留在栖息处背对着夜空过夜，少数鸟儿会飞回它们曾经的鸟巢中过夜，直到太阳在地平线以上旅行了一两个小时以后才会离开。但是在清晨的这段时间里，它们同样在殷勤地梳理自己的羽毛。最终，在一个宁静的黎明，它们整齐划一地开始了行程，向正西方或西南方飞去，在旅程中不断地加入其他的队伍中，直到形成我在前文中提到的那么大规模的队伍。它们的旅行要比在春季时更加迅速，而且燕群中的鸟儿也更加密集。

读者，正是在这些旅行中，这种鸟儿的飞行能力才得以被如此有力地证明，尤其在它们遭遇强烈的风暴时。在燕群遇到狂风时，它们似乎会沿着暴风的边缘飞行，似乎下定决心不倒退一步。队伍最前端的鸟儿们顽强地面对暴风，在迎面而来的暴风边缘或向上或向下飞行，勇敢地飞进汹涌澎湃的深渊中，仿佛决心要打通它们的出路；而后面的队伍则紧紧跟随，燕群紧密地拥挤在一起，仿佛是一个实心的黑点。在这时,下面的观众们听不到一丝唧啾声;但是一旦飞离了风暴,它们就会松弛肌肉,放松下来,异口同声地鸣叫,仿佛在庆祝大家一同胜利地闯过了难关。

这些鸟儿极为勇敢、坚忍,而且不轻易改变自己的行程。紫崖燕会对猫、狗和其他的四足动物表现出极大的憎恶感,因为这些动物很有可能会对紫崖燕造成伤害。它们会任意地攻击和追赶隼、乌鸦和鹭类中的任何一个物种,基于这一点它们受到了农夫们的保护。它们常常会追逐轰赶一只雕儿,直到将雕赶出它们的筑巢地。

紫崖燕的鸣叫声并不婉转,但是依然十分令人愉悦。雄鸟在追求雌鸟时发出的唧啾声更加有趣。它们是最早鸣叫着报告春天讯息的鸟儿,对于每一个人来说它们都是一种受欢迎的鸟儿。勤劳的农夫一听到它们的鸣叫就起床劳作。它们的鸣声很快就被许多其他鸟儿的鸣声伴奏了起来,而农夫也因为鸟儿们的合唱得知这一天的天气好晴朗,于是愉快而安宁地开始了新一天的工作。无拘无束的印第安人也喜欢有紫崖燕做伴。他们常常在自己小屋附近的某个嫩枝上挂起一串葫芦,这种鸟儿就会在这个摇篮的掩护下窥探着,并且在必要的时候飞出去赶走试图来偷食晾晒在太阳下的鹿皮或鹿肉的秃鹫。南方各州的奴隶们则花费更多的精力来为他们喜欢的鸟儿提供住所——葫芦的内瓤被仔细地挖了出来,剩余的葫芦被系在了从沼泽湿地上带回来的坚韧藤条顶部,接着放在了他们的茅屋旁。几乎每一个乡间旅馆的招牌上面都有一个为紫崖燕准备的箱子,而且据我观察,这个箱子越是好看,这家旅馆通常也就越不错。

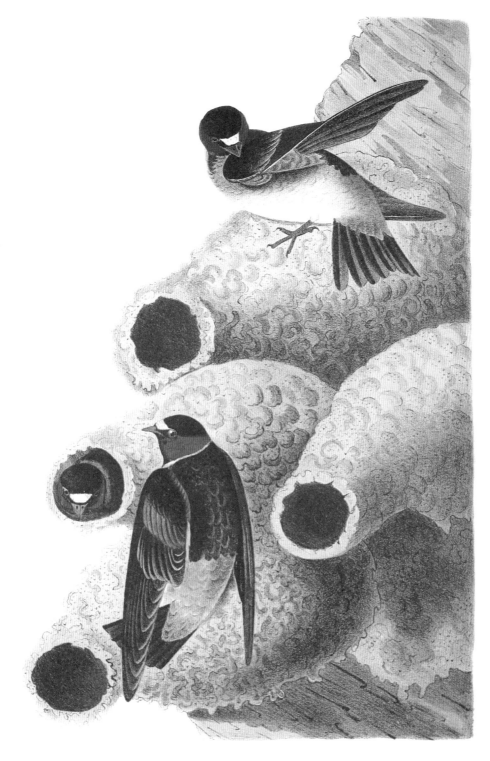

美洲燕

英文名 Cliff Swallow   拉丁文名 Petrochelidon pyrrhonota

美洲燕

鸣禽／雀形目／燕科／石燕属

在1815年的春天，我第一次在俄亥俄瀑布下游193千米的河岸上的亨德森看见了几只这样的鸟儿。那是一个十分寒冷的早上，它们几乎全都被这严酷的天气杀死了。不幸的是，因为我助手的粗心大意，那些样本也遗失了，更令我感到遗憾的是，怕是多年以后也难以见到美洲燕的样本了。

1819年，我又重新看到了希望。辛辛那提西方博物馆的馆长罗伯特·百思特先生告诉我，一个奇怪的鸟类物种出现在这个地区，它们成群地在墙壁上筑巢。得到了这一信息后，我立即横渡俄亥俄河，来到肯塔基的新港。在前一个季节中，他在那儿看到了许多巢穴；我们刚刚来到这一地方，我错失已久的小陌生人儿就唧啾欢呼着来迎接我。许多只美洲燕正在忙着修缮冬天里被暴风雨破坏的巢穴。

它们通常在4月10日出现，而且会立即开始筑巢。在4月20日的时候，兵工厂的墙壁上通常就已经有大约50个巢穴基本建成了，另外还有一些正在建设的巢穴。

在黎明的时候，它们飞上91米远，来到河岸边，寻找泥泞的沙子来筑巢。它们会一直忙碌到接近中午时分，仿佛知道太阳的热量对于干燥和凝固它们潮湿的家园是有必要的。接下来的几个小时，它们会停止工作，在空中盘旋舞蹈、互相逗乐，深情地向它们的伴侣献殷勤求爱，突袭苍蝇和其他的昆虫。它们常常会去检查自己的巢穴是否足够干燥、结实，而一旦这些巢穴足够结实，它们就会重新开始工作。在雌鸟开始坐窝以前，它们都会栖落在利金河岸上美国梧桐中空的树干上；但是孵化工作一开始，就只有雄鸟会飞去那里了。第二批美洲燕到来的时候，时间明显已经很紧迫，因此墙壁上抽掉砖块形成的孔洞都会成为它们的巢穴。它们将这些孔洞加以修缮，最终这些巢穴的模样会与早来的鸟儿建成的巢穴很相似。鸟卵产在一些稻草上；要获得这些鸟卵须得十分小心，因为轻微一碰就可能让它们脆弱的巢穴垮掉。我用一个小汤匙收获了许多只鸟卵。每一个巢穴中有4枚鸟卵，为白色，散缀着一些昏暗的斑点。它们在一个繁殖季节中仅仅繁殖1窝幼鸟。它们在保护自己巢穴时表现出来的力量令人十分惊讶。在日落时分，我猜想它们都已经睡了，于是十分小心地靠近它们，尽管如此，我还是被一只雌鸟发觉了，它大声鸣叫起来，立刻唤醒了整个鸟群。它们撕咬我的帽子、身体和腿部，在我与巢穴之间飞来飞去，距离我的脸不足2.5厘米，叽叽喳喳地诉说它们的愤怒和痛苦。在我离开时它们还不断地攻击我，跟着我飞了好一段距离。它们的鸣声很像用浸了酒精的软木塞摩擦瓶颈时发出的声音。

几天以后，第三批美洲燕到来了，它们一到来就开始筑巢工作。在一周内它们就结束了工作，30个巢穴拥挤地建在一起，就像许多葫芦，而每一个鸟巢都有一个5厘米长的颈口。在7月27日，幼鸟就能跟着它们的亲鸟一起飞翔了。它们都有白色的额斑，其他部分的羽毛都与它们的亲鸟十分相似。8月1日，它们都在巢穴附近聚集，飞到91米高的空中，在早上10点钟启程，稀稀疏疏地向正北方飞去。在同一天下午接近黄昏的时候，它们就飞了回来。接下来它们一直重复着这样的短途旅行，毫无疑问是为了锻炼飞行能力。直到第三天的时候，它们发出一声告别的鸣叫，接着在同一时间沿着同一路线启程，并且真的消失了。

对于美洲燕的迁徙或者假定的冬眠期，我一直很感兴趣，因此总是会好好利用每一个观察它们生活习性的机会，仔细地留意着它们到来和离开的时间，记录关于它们习性的每一个细节。在经过多年的观察和反思之后，我应该说：在所有迁徙的鸟类中，那些迁徙到越远地方的鸟儿，启程也越早；因此，那些启程越晚的鸟儿，在春季回归的时间也就越早。在冬天将要到来时，我不断朝西南方行进，在那里我发现了许多羽翼丰满、鸣声婉转的森莺和画眉，还有其他的鸟儿。这无疑印证了我的结论。

家燕

英文名 | *Barn Swallow*   拉丁文名 | *Hirundo rustica*

家燕

鸣禽／雀形目／燕科／燕属

2月中旬到3月初，家燕首次在新奥尔良露面。它们并不是成群一起出现，而明显是成对或者少数几只一起来到这里。接着它们会立即飞回之前的筑巢地或者它们被养大的地方。我观察到，在一个月里，它们到达不同地区的时间各不相同，而且主要是受气温变化的影响。

在春天，家燕受到所有人的欢迎，因为它们几乎不会在积雪完全融化和温和的天气开始前出现，所以它们被看作是夏天来临的预兆。它们从来不会破坏人类的"财产"，因此每个人都喜欢它们，而且父母总是教育孩子们要爱护这种鸟类，这样的观念就世世代代传了下来。在这一物种到来之后的一周左右，它们已经飞到了常去的栖息地，检查了去年用的巢穴，或者选择好了新的筑巢地，接着它们要么开始筑巢，要么就开始产卵了。

家燕会将巢穴筑在粮仓、棚屋或桥下的椽子一侧，有时候甚至在一口枯井里，或者在肯塔基州荒地上常见的灰岩坑里，也能见到它们的巢穴。只要环境适宜而且有足够的空间，你就会发现几个巢穴拥挤在一起。我几次看到过七八只家燕的巢穴建在一起，巢穴与巢穴之间只有几厘米的距离；不仅如此，在一些大的谷仓中，我曾看到过四五十个家燕巢穴。雄鸟和雌鸟会一起飞到小溪流、河流、水塘或湖泊岸边，它们在那里攒起小泥丸或沙球，用鸟喙衔到它们的筑巢地，放在木头、墙壁或者岩石上。它们将这些泥丸整齐地排列成一层，常常与下层大量又长又细的青草混合在一起，而几厘米的草叶常常悬垂在巢穴之下。第一层短，向上渐长，巢穴整体结构就像一个倒立的球果，有20厘米长，而最长的直径有15厘米。这样的一个巢穴，平均重量超过0.9千克，但是巢穴的尺寸有较大的差异，一些巢穴较短，而且顶部也比较狭窄。巢穴的差异在很大程度上取决于鸟儿拥有的筑巢时间。拥有充分时间的鸟儿，筑的巢穴往往是完美的，而后来的鸟儿所筑的巢穴则完全没有我们之前描述的那种青草与泥土的混合结构。巢穴内部是十几厘米厚的细草以及大片的柔软羽毛。我从来没有在烟囱中见到过这些鸟儿的巢穴，也从来没有听说过它们会在这样的环境中出现。这样的环境常常被美洲燕占据，美洲燕是一种更加强壮的鸟儿，而且或许会阻止家燕飞进它们的领地。家燕的卵有4～6枚，很小，细长，半透明，为白色，整体稀疏地分布着红棕色的斑点。孵卵期为13天，雌鸟和雄鸟都会坐窝，只是雌鸟工作的时间更长一些。在这期间，雌鸟和雄鸟轮流喂食，在夜里的时候，它们会并肩坐在窝里一起休息。

亲鸟一直关爱地哺育着幼鸟，而在幼鸟慢慢长大时，亲鸟就会栖息在离巢穴最近的便利之处。在南方以及中部各州，这一物种极少会养育2窝以上的幼鸟。而在缅因州及其以北地区，我认为家燕只会繁殖1次。幼鸟在羽翼丰满后，会被它们的亲鸟鼓励着学习飞翔。在几次尝试之后，亲鸟就会带着它们飞到田野两侧、道路或者溪流边。在这些地方的低矮围墙、篱笆桩和横杆，或者某棵树木的枯枝或树干上，它们会在距离彼此不远的地方飞落下来。亲鸟通常还能在这些地方附近轻松地找到食物。在这些情况下，当亲鸟和幼鸟相见的时候，它们都会倾斜着在空中飞起来，互相靠近，在食物被传递到幼鸟嘴中后就各自分开雀跃耍闹去了。在傍晚的时候，亲鸟就会和幼鸟们一起飞回繁殖地，而且在迁徙之前，它们会一直在这里过夜。

在8月中旬，成年家燕会和幼鸟大群聚集在一起，排成稀稀疏疏的队伍飞来飞去。这个队伍的规模一直在扩大，它们分成小群落在高大的树木、教堂、政府院墙或谷仓上，在这些地方栖落几个小时梳理着羽毛，清理掉羽毛间的寄生虫。在这些时候，它们几乎会一直叽叽喳喳地鸣叫，也会突然飞出去几百米远，接着又回到同一个地方。它们常常要用两个星期的时间来集合和锻炼，不过在9月10日之前，通常会有大群的家燕出发向南方飞去，而这时候其他的鸟儿刚从北方飞来。这些鸟儿往往在一个晴朗的黎明出发，而且我认为一场逆风并不能阻止它们启程。它们在树冠或小镇上的低空中飞过；我认为大群的家燕常常会沿着大西洋的海岸边或者较大的溪流岸边迁徙，因为这些地方最有可能在夜晚为它们提供休息地，芦苇丛和高大的植物间都是它们的藏身之处。当早上天气晴朗时，这些家燕就盘旋着从芦苇丛中升起来，飞到三四十米的空中，排好队列，继续它们的旅程。

家燕的飞行方式与具有相同特点的其他鸟儿的飞行方式一样，甚至更为有趣。除了蜂鸟，家燕的飞行速度或许在整个鸟类家族中都是最快的。在平静晴朗的天气里，它们会在相当高的天空中十分轻盈自在地巡回飞行。它们在河流、田野或者城市上空同样优雅地飞舞嬉戏；在春季和夏季的时候，你甚至会以为它们这样做是为了在空气中撒满它们欢乐的唧啾鸣叫呢。当气温降下来后，它们会更加迅速地在草地上空和城镇的街道中飞来飞去；它们飞呀飞，时而靠近人行道，时而沿着建筑的墙壁飞行，时不时动作敏捷地吞下一只昆虫，其灵敏的动作连我们的眼睛都难以追上。

在地面上，这些鸟儿的行动方式并不算笨拙，但是与其他的鸟儿们相比，它们仍然显得不够灵活。家燕在尾羽的帮助下迈出十分短小的步子。要是需要到几米远的地方，这些鸟儿宁愿展翅飞过去。当停落在小树枝上时，它们会非常乐意抖动翅膀和尾羽。

家燕的食物主要是昆虫，其中也有一些是甲虫，而甲壳部分则被攒成了小豌豆那么大的圆形颗粒物吐了出来。

插图中的这对家燕身着春季时最漂亮的羽毛，而巢穴是从新泽西一个粮仓的椽子上拿下来的。在这个粮仓中，至少有20个这样的巢穴。

东王霸鹟

英文名 | Eastern Kingbird   拉丁文名 | Tyrannus tyrannus

东王霸鹟

鸣禽／雀形目／霸鹟科／王霸鹟属

东王霸鹟是到访美国的鸟儿中最有趣的一种，它们在春季和夏季来到这里。而且若是在这里它们的优良品质得到了应得的欣赏，那么这些鸟儿就不会受到骚扰。但是在人们的思维中，一个简单的错误往往足以冲刷掉一千个好的品质，甚至即便这些好的品质对人们是有利的，而且可以增强人的舒适度，人们依然会毫不留情地残害东王霸鹟，并将对它们的憎恨加之于它们的所有后代。这种不共戴天的仇恨是由它们时不时地吞食蜜蜂的习惯引起的，而农民们则完全将蜜蜂当作他们的私有财产。

东王霸鹟在3月中旬从南方飞来，飞到路易斯安那州。许多东王霸鹟会在这里一直待到9月中旬，但是更多的则会继续向北方飞去，分散到美国的每一个地区。在它们到来之后的几天里，它们似乎十分疲惫而且忧郁，总是十分沉默。但是一旦恢复自然的活泼性情，它们刺耳而震颤的鸣叫声就会回响在整个田野以及所有的山林。它们很少会飞进森林中，但是它们喜欢果园、大型的苜蓿田、河流附近的地区以及种植园主房屋附近的花园。在最后这一种环境中，它们的习性最容易被观察到。

东王霸鹟有着独特的飞行方式。它们的求偶季节很快就到来了。雄鸟和雌鸟在距离地面二三十米的空中飞来飞去，持续地抖动着翅膀，发出连续的、震颤的高声鸣叫。雄鸟仅仅跟随在雌鸟身后，而它们似乎都十分渴望一个合适的筑巢地。

在这对快乐的伴侣选好了筑巢地之后，它们就会从地面上捡起小枯枝，飞起到水平的枝干上，用这些材料做成基础，建起它们珍爱的家园。棉花片、羊毛或麻絮以及其他相似性质的材料也被铺成了厚实整齐的一层，这不仅让巢穴的结构更加厚重，而且也保持了巢穴的稳定性。最后巢穴内层铺设的是须根和马鬃。然后雌鸟会产下卵，有4~6枚，为宽阔的椭圆形，红白色或粉红色，有不规则的棕色斑点。孵卵工作一开始，精力充沛的雄鸟就会表现出极大的勇气，卖力地驱赶走每一个入侵者。雄鸟栖落在离它心爱的伴侣不远的树枝上，全心全意地保护着它。雄鸟雪白的胸脯澎湃着最温暖的感情；它头部的羽毛竖起并且舒展开，亮橙色的斑点迎接着太阳的光线；它坚定地站着，机警的眼睛扫视着它视野中广阔的田野。要是在附近或者不远处看到了一只乌鸦、兀鹫、紫崖燕或一只雕儿，它就会立即伸展开翅膀飞起来，向它危险的敌人逼近，靠近敌人，接着便发起猛烈的攻击。当东王霸鹟在附近的时候，很少有鹰隼敢靠近农场的院子。甚至连个头不小的猫儿都只能躲在屋里。

在东王霸鹟的保护之下，许多家禽的卵免于遭受乌鸦的破坏。许多小鸡崽躲过了四处觅食的鹰隼的铁爪，得以安然无恙地长大。它们还吞吃掉了大量的昆虫，否则这些昆虫会折磨母牛和马匹。东王霸鹟的益处完全可以弥补它们因吃掉少量覆盆子和无花果而犯下的那一点点恶行，为它们赢得人们的好感和保护。

在8月份的时候，这一物种就会相对沉静下来，并且飞去久已废弃的休耕田和草地。在那儿，它们栖落在篱笆桩或高大的毛蕊花草茎上，转动着眼睛扫视着不同的方向，注视着飞过的昆虫——它们扑向这些猎物的路径要比在春天时更加直接。捕捉到一只昆虫以后，它们就会飞到同一根篱笆桩或者花茎上，敲击这个昆虫，并且将它吞咽掉。东王霸鹟常常在大型河流、湖泊的高空中追逐着昆虫，做滑翔和俯冲；然后又向水面划去，用许多种燕科鸟类的方法饮水。在天气非常温暖的时候，它会不断地潜入水中，接着停落在附近树木的低矮枝干上，甩掉羽毛上的水。在感觉到同类物种从它的头上飞过时，东王霸鹟就会飞起来追上去，向这片土地告别，动身前往更温暖的地区。

东王霸鹟离开中部各州的时间比其他大多数物种都要早。在冬天即将到来、该向南方迁徙的时候，它们的飞行动作很有力，而且持久：快速地拍动六七次翅膀，在每次停止振翅后直线滑翔上几米远。在9月初，我有几次机会观察到它们20～30只一群这样飞过，寂然无声，与旅鸫的飞行方式极像——观察者们常常因此误以为它们是同一物种，不过它们更小的身形出卖了它们。在夜里，它们同样会飞行，而在10月初以后，它们就出现在中部各州了。幼鸟在离开我们向南方飞去之前，羽毛就已经长出了成熟的颜色。

我从来没有见过东王霸鹟追逐着鱼儿潜入水中，也没有见到它们追逐水生昆虫，不过正如我从前提过的那样，东王霸鹟会钻进水中洗澡；而且我在它们的胃部或食道中还从来没有发现过鱼类的残骸。像所有的霸鹟科鸟儿一样，它们会吐出昆虫身上不能消化的坚硬部分。

橙尾鸲莺

英文名 | American Redstart　拉丁文名 | Setophaga ruticilla

橙尾鸲莺

鸣禽／雀形目／森莺科／橙尾鸲莺属

橙尾鸲莺是我们的莺科鸟类中最活泼的一种，也是最漂亮的一种。在春季和夏季，它们装点着我们的山林。任何走进树影婆娑的森林深处的人，都不难被这种鸟儿吸引了注意力。在3月初到5月初这段日子里，橙尾鸲莺会来到美国各个地区。在9月末和10月初的时候，橙尾鸲莺又会启程向南方飞去。

橙尾鸲莺总是在不断地活动，沿着树枝两侧觅食，从树枝一侧飞到另一侧寻找昆虫和幼虫，做出每一个动作时都会展开它们美丽的尾羽，接着收拢尾羽，向身体的两侧摆动，极为美丽的羽毛乍隐乍现。在做这些动作时，它们微微垂下翅膀，还发出愉快的鸣声。要是橙尾鸲莺观察到一只昆虫在飞翔，它就会立即飞着追赶上去，要么紧随其后在空中升起，要么盘旋着贴近地面。一旦捕获了这只昆虫，可爱的橙尾鸲莺就会再次飞起来，栖落下，唱起同样清新的另一支曲儿。

当有人靠近这一物种的巢穴时，雄鸟会格外焦急，在巢穴周围飞来飞去，在离入侵者不足几的地方振翅，咬动鸟喙，仿佛下决心要驱逐入侵者。橙尾鸲莺也喜欢追逐不同的鸟儿，徒劳无功地撕咬它们，仿佛纯粹是为了保持性情中的活泼生气一样。

有一次，我曾经持续观察了这种鸟儿无意义地攻击正在巢穴周围忙碌着的黄蜂好几分钟。这只橙尾鸲莺靠近这些黄蜂并且卖力地撕咬它们，但是徒劳无功；因为这只黄蜂抬起腹部，伸出尖刺，让橙尾鸲莺无从下手。插图中的这只雄鸟就是这样的姿态。

它们的巢穴通常建在低矮的灌木上或者小树苗上，仿佛挂在嫩枝上一般。巢穴细长，用苔藓和干燥的杂草纤维或葡萄藤营建，内巢细致地铺衬着柔软的棉絮状物质。雌鸟会产下4~6枚白色的卵，卵表面有灰色和黑色的斑点。它们在一个繁殖季节中只繁殖1次。

白颊林莺

英文名 | *Blackpoll Warbler*　拉丁文名 | *Setophaga*

白颊林莺

鸣禽／雀形目／森莺科／橙尾鸲莺属

我们的里普利号轮船刚刚到达拉布拉多一个叫作小马卡蒂娜的奇异港口时，一行人就去探索了这片海岸。

为了能在尽量短的时间里获得足够的信息，我们分开，各自沿着一片海滩去探索。最灵活的人自然就去攀登最困难的崖壁，其他的人选了难度稍微小一点儿的地方去攀登。我和我年轻的朋友——波士顿的沙特克博士则慢慢地寻找着鸟儿、植物和其他东西。我们很快就来到了相当高的地方，从那里我们看到圣劳伦斯宽阔的海湾上升起了灰色的水雾，仿佛要用幔子将自己遮盖起来似的；但是时不时地，我们的眼光会被远处的同伴们吸引，他们沿着倾斜的坡面下滑。就这样，我们观察了几千米远的土地，海上的水雾开始迅速地席卷地面。在这水雾的突然袭击下，我们都意识到了继续前进的艰难，于是就回到了船上。在那里，我们相互比较了大家的笔记，并为第二天的工作做了准备。

第二天一早，天气很晴朗，当我们中的几个人正在不及腰际的灌木丛中艰难前行时，我最小的儿子碰巧把一只正在巢穴中的雌性黑顶白颊林莺吓飞了。读者，试想一下这是一件多么让我精神振奋的事情啊。我感到我们在这次旅行中投入的巨大花销都得到了回报。"看呢，"我说，"我们还是第一批看到这种巢穴的白种人呢。"我瞥向其中，看见了4枚卵，并且注意到这个巢穴的小主人正在焦急而惊讶地看着我们。这个巢穴离地面有0.9米高，建在一棵冷杉树临近树干的小树杈上。内巢直径有5厘米长，深3.8厘米。巢穴外侧与白顶雀的巢穴相似，材料是一些绿色和白色的地衣以及粗糙的干草；巢穴中有一层常绿草，内衬是深黑色的干苔藓，这些干苔藓被十分仔细地按圆形排列，看起来非常像马鬃。最后是厚实的一层柔软的大羽毛，其中一部分来自鸭子，但是大多数羽毛来自柳雷鸟。

现在我必须再回到美国，追寻我们的林莺的踪迹。早在2月中旬，它们就来到了路易斯安那州。在这段时间里，我们可以看见黑顶白颊林莺在悬垂于河流和湖泊之上的柳树、枫树和其他树木的大树枝间寻找着食物。它们随着季节的变化不断地向东部迁徙，而且我一直不能理解为什么在新泽西州的海岸附近这一物种的数量十分多，而在南卡罗来纳州的沿海地区我却从来没有见到过这种鸟儿。在新泽西州的海岸上，它们的生活习性显著不同：它们不会在树木的高枝间跳来跳去，却似乎会沿着树干和大的树枝移动，移动的方式与旋木雀几乎完全相同。它们在树皮间的裂缝中寻找着昆虫的幼虫和蛹。在4月末的时候，黑顶白颊林莺就以10只、12只或更多鸟组成的小群出现在人们视野中，但是在这段时间之后，只有少数几只鸟儿会在人们的视野中出现了。将近一个月之后，它们就在马萨诸塞州出现了。当然，这中间的时间被它们花费在了从纽约到康涅狄格州的旅行上。在5月末的时候，我在缅因州的东部地区发现了这种鸟儿，而且在我们去往拉布拉多的时候，一路在任何地方着陆时都能看见这些鸟儿。它们在6月1—10日来到拉布拉多地区，飞窜进覆盖着小灌木的每一片山谷。它们喜欢在这样的环境中繁殖。在纽芬兰它们也会大量地繁殖。

它们的习性几乎和霸鹟相似。你可以看见这些鸟儿冲向各个方向追逐着昆虫，在飞行中将它们捕捉住，还时不时地猛咬鸟喙，仿佛如真正的霸鹟那样发出咔嗒声。黑顶白颊林莺的动作十分令人赏心悦目，但是它们的鸣声无论如何也算不上是一首歌儿。它们的鸣声尖锐，如两块小鹅卵石碰撞时发出的噪音，与我知道的其他声音都不相同。

我发现，在8月份下旬，幼鸟就已经完全发育成熟，头部和雌鸟的头部相似；但是在第二个春季迁徙时，它们才能长出成熟的羽毛，接着这些鸟儿就会返回南方。在一个繁殖季节中，它们只繁殖1次，而且若是这些鸟儿在美国繁殖，那一定是在北方地区。秋天时，在美国极少能看见这种鸟儿；在夏季的几个月里，它们则更是少见。

黑顶白颊林莺是一种性情温和的鸟儿，它们不害怕人类，不过它们会十分勇敢地追逐一些小型的猎物。一旦一只加拿大松鸦露面，黑顶白颊林莺就会立刻活跃起来，因为这些掠夺者常常会吸食它们的鸟卵，或者吞食它们的幼鸟。

美洲黄林莺

英文名 | *American Yellow Warbler*　　拉丁文名 | *Setophaga petechia*

美洲黄林莺

鸣禽／雀形目／森莺科／橙尾鸲莺属

　　紫崖燕报春的鸣声一响起，当前的这种小森莺就会紧随其后到来。在纽约州、康涅狄格州、宾夕法尼亚州、马里兰州以及弗吉尼亚州的每一片果园和花园甚至街道上，在我们树木上的绿叶之间，或许都能见到这种鸟儿。

　　雄鸟十分勇敢地彼此追逐，搏斗上几分钟后，对某一块土地或者某一棵大树宣示主权。接下来，它们就会在嫩枝和小树枝之间爬上爬下，在树叶和花朵间热切地寻找着昆虫。它们并不惧怕人，因此我们可以十分容易地接近这种蓝眼睛的林莺。它们同样也会粗心大意地将自己的巢穴建在容易被人类碰触到的地方。亲鸟会十分殷勤地履行自己的职责。它们5月中旬在小树的枝丫间营建巢穴，这些巢穴常常离人们的房屋没几步远。巢穴牢固地坐落在树丫间，外层材料是大麻、亚麻或羊毛似的物质，内巢里铺衬着不同类的毛发，混杂着更加柔软的材料。美洲黄林莺在一个夏季繁殖2窝幼鸟，在秋初返回南方，聚集成小群，主要在夜晚迁徙。

　　纳托尔先生是第一个观察到这种鸟儿用奇怪的技巧摆脱掉养育燕八哥责任的博物学家。他说："去观察这种鸟儿在处理掉流浪的寄生燕八哥鸟卵时所表现出的聪敏，是一件十分有趣的事情。这种燕八哥会在巢穴的合法住户产卵之前产下个头巨大的卵。对于美洲黄林莺来说，将这样的鸟卵推出去是一件十分困难的事，但是它们非常聪明地将这种鸟卵废弃在巢穴底部，在这只鸟卵上覆盖一层新的衬里，因此它永远得不到孵化的机会。然而，若是燕八哥在美洲黄林莺产卵之后产下寄生卵，小林莺就会尽职尽责地承担起养父母的责任。"

　　我在纳齐兹附近绘制了这一物种的形象，射杀这只参照样本时，它正在一棵攀缘植物的花朵间寻找昆虫。因此我也在插图中绘制了这株植物的一部分。我只在低矮潮湿的沼泽地中见到过这种植物。

美洲旋木雀

英文名 *American Treecreeper*　拉丁文名 *Certhia americana*

美洲旋木雀

鸣禽 / 雀形目 / 旋木雀科 / 旋木雀属

在春季和夏季，或者说在繁殖季节里，美洲旋木雀或许会出现在全国的所有地区，从宾夕法尼亚州北部地区的茂密山林到纽芬兰。但是我和与我同行的人在拉布拉多地区都没能见到过一只美洲旋木雀，而鉴于《北美动物群》中还没有提到过这一物种，我怀疑是因为缺少足够的山林环境，所以它们才不会在更远的北方出现。

这些鸟儿会在各种各样的树木上飞落栖息：在卡罗来纳州是松树，在缅因州是枫树，在肯塔基州是山核桃树、橡树或白蜡树。从它们第一天学会飞翔时，它们就是森林中最常见的漫游者之一，我们几乎可以在山林中的每一个地区见到这种鸟儿。然而，它们通常还是更喜欢高大一些的树木，这或许是由于它们不情愿从一棵树飞到一段距离之外的另一棵树上。它们每每飞到一棵大树上时，总会检查上面的每一个缝隙，从靠近树根的部分到大树枝的冠部。它们会十分勤勉细心地在枝丫间寻找食物，直到寻找完每一个缝隙才会离开。然而它们的动作十分迅速，不熟悉这种鸟类的人或许会认为：它们在树干和树枝上跳跃，或径直或盘旋，或在树干树枝的上部或下部，仅仅是为了最快地完成旅行，到达目的地而已。然而，这却不是它们的目的，要是你愿意，射杀下一只美洲旋木雀，你就会发现它的胃中塞满了昆虫和昆虫的幼虫，栖息在树上的昆虫也在其中。要是树上的昆虫不够多，美洲旋木雀似乎很快就会发现食物稀少，于是它们便不会在这棵树上继续寻找，放弃这棵树，飞落到不远处一棵树木的树干上。我还观察到，美洲旋木雀吃饱之后，就会抓住树皮，一动不动、安安静静地栖落在那里，仿佛睡着了一样，有时候一次将近一个小时。但是究竟是这种鸟儿真的睡着了，还是它想躲避我们？对于这个问题我并不能确定。不过，我倾向于相信后一种假设，因为在接近夜晚的时候，它们会退回到一个洞中，而且正如我几次亲眼看见的那样，常常会有一整窝鸟儿飞到同一个洞中休息。

在飞行时，美洲旋木雀会时不时地发出尖锐、快速而且十分刺耳的鸣叫声，声音十分独特。熟悉这种鸣声的人，天气晴朗的时候在54米以外的地方就能够从它们的鸣叫声中辨别出这种鸟类。然而，当它们栖落在一棵大树高处的树枝上时，我们需要一双敏锐的眼睛和稍长的一段时间才能观察到它们。这种鸟儿还有一个名字，叫作"食穗者"，但是在我看来这个名字很不合适。虽然美洲旋木雀有时会和小啄木鸟甚至是五子雀在一起觅食，但是它们却并不是在追逐着这些鸟儿。我曾经见到我们的小猎手搜寻大树上的每一个部分，接着才会飞到另一棵树上。在这段时间里，啄木鸟还没有钻透树皮获得树皮下的虫子呢。

美洲旋木雀在树洞中繁殖，对于洞口小而圆的树洞尤为喜欢。或许为此，它们常常会占据小啄木鸟和松鼠废弃的旧巢穴；但是它们并不在意巢穴所在的高度，我曾经在一个伸手就能碰到的树桩上的洞穴中看到一个这种鸟儿的巢穴。巢穴是用各种青草和地衣疏松地搭起来的，其中铺衬着柔软的羽毛。鸟卵有6~8枚，但是有时候我在一些巢穴中也仅仅看到5枚鸟卵，我认为这些鸟卵是美洲旋木雀在当季产下的第二窝鸟卵。鸟卵底色为白色，有黄色的着色以及不规则的红色和紫色斑点和斑块。这些斑点在鸟卵大的一端更密集，尺寸更大，两端的端点部位都几乎没有斑点。

其幼鸟像啄木鸟和五子雀的幼鸟那样，一直留在巢穴中，直到它们学会飞翔。而且在它们幼年时期，亲鸟会为它们提供足够的食物。同窝的鸟儿会一直群居在一起，直到第二年春天才分开。

岩鷦鷯

英文名 | *Rock Wren* 拉丁文名 | *Salpinctes obsoletus*

岩鹪鹩

鸣禽／雀形目／鹪鹩科／岩鹪鹩属

　　朗少校探险团中的队员发现了这一物种，而托马斯·塞伊先生第一次对这种鸟儿作了描述。我的朋友托马斯·纳托尔在最近一次与汤森先生结伴旅行时，有机会观察到这种鸟儿的生活习性。他告诉我，这种鸟儿与其他鹪鹩十分相似。插图中的成年雌性岩鹪鹩就是参照纳托尔先生给我的样本绘制的。在那之后，我又获得了2只雄性岩鹪鹩样本。

　　纳托尔先生说："6月21日，在科罗拉多西部断崖的壁架上，我听见了岩鹪鹩的叫声，并且最终看到了这种奇怪的岩鹪鹩。其中一只鸟儿我认为是老年雌鸟，它栖落在一个壁架上的沟壑前头，竖起了尾羽，平衡着姿势，同时发出唧啾啾啾的鸣叫声，带着很强的喉音。在被人不断靠近的时候，它还时不时发出更快速尖锐的鸣叫声，与短嘴沼泽鹪鹩的鸣声相似。当栖落在某个山顶的岩石上时，它也会时不时地发出尖锐的鸣叫，类似卡罗苇鹪鹩的鸣声，偶尔也会发出我之前听到过的那种唧啾声。在中部高原那些寸草不生的山丘上，这种鸟儿十分常见。亲鸟正在哺育和看守着一窝四五只幼鸟，这些幼鸟虽然看似已经成年，但是仍旧受到亲鸟无微不至的关怀和保护。岩鹪鹩在保护幼鸟时表现出的殷勤和焦躁，与其他的鹪鹩十分相似。它们在岩石壁架下繁殖，当然我们也常常能在这些地方观察到它们。在这些地方，若是突然被靠近，它们就会立即躲藏起来，并且会顽固地躲藏着，像许多老鼠常做的那样。事实上，它们突然消失在岩石间，在它们躲藏的地方一声不出，这时候你很难想象它们正躲在你的脚下呢。几分钟之后，它们才会谨慎地发出几声低低的叽喳声。下一秒钟，在沟壑前头，这只老年雌性岩鹪鹩再次出现，它十分愤怒地大声鸣叫，并振动起翅膀。在同一片岩石环境中，往往同时还有一种小型的斑纹地松鼠陪伴着它们。在最西部到哥伦比亚河最低处的瀑布地区，我们也见到了这一物种，而且在这里它们的栖息环境也是岩石和悬崖地区。"

莺鹪鹩

英文名 | House Wren　拉丁文名 | Troglodytes aedon

莺鹪鹩

鸣禽／雀形目／鹪鹩科／鹪鹩属

莺鹪鹩从哪里来，或者说在冬季它们去哪里过冬？这个问题我还无法确定。尽管从4月中旬到10月初，在宾夕法尼亚州、新泽西州、弗吉尼亚州和马里兰州，这一物种的数量极为丰富，但是我还从来没有追索到这种鸟儿的迁徙轨迹，也从来没有听说我们国家的哪一位自然学家，哪怕任何其他国家的自然学家会比我更加幸运。

莺鹪鹩一次飞行距离较短，而且通常飞行位置较低，翅膀会不断地拍动，身体或尾羽并不摆动，不过尾羽通常保持直立。然而在这种鸟儿歌唱的时候，它们的尾羽总是弯下来的。在繁殖季节里，当这种鸟儿从一个地方飞去另一个地方，或者当它的配偶在坐窝孵卵时，这种可爱的小鸟儿会更加缓慢地飞过空中，并且一直在鸣唱。莺鹪鹩性情活泼、活跃、警醒，而且很勇敢。它们喜欢靠近花园、果园以及人类的住宅区，而且在我们每一个东部城市的中心地区，它们的数量都十分丰富。在这些地方，许多小盒子被安装在了房屋的墙壁或者树干上来容留这些鸟儿。在乡村，人们也为莺鹪鹩提供了这样的便利。在这些小盒子中，它们产卵并孵育幼鸟。然而，莺鹪鹩从来不会缺少产卵育雏地：墙上的裂缝或者小洞穴、窗台、屋檐、马厩、谷仓，一片木材的上表面或者一个游廊的屋顶下，都能成为它们的产卵育雏地。偶尔，我们还能在苹果树中空的树干中见到这些鸟儿的巢穴。我曾经在一辆破旧不堪的婴儿车的口袋里发现过一个这样的巢穴，而更多的是在插图中那样的一顶破帽子里。这些小生物焦急地从帽子中向外窥探，或者悬在帽子的一边，等待它们带着一只蜘蛛回来的母亲；而雄性亲鸟则正在放哨，随时准备着将任何试图靠近的敌人赶走。莺鹪鹩会连续几年使用同一个巢穴，只是在每次产卵前稍微修补一下旧巢。

莺鹪鹩的亲密行为十分有趣。在宾夕法尼亚州，一对这样的鸟儿建起了巢穴，雌鸟在墙洞中坐窝，离我的会客室只有几厘米远。雄鸟在离它的妻子和我几米远的地方不断地歌唱，而我则在忙着绘制其他物种的鸟类。窗子开着的时候，有它们的陪伴是一件十分快乐的事情，莺鹪鹩的歌声一直在我耳边萦绕着，不断地告诉我它们正过着幸福的生活。雄鸟时不时地会飞到窗台下的花园中，为它的伴侣寻找食物，然后带着食物飞回墙洞中，不一会儿又钻出来继续去寻找食物。我自己也捕捉了一些苍蝇和蜘蛛，时不时地扔向雄性莺鹪鹩。它会很敏捷地抓住这些食物，自己吃掉一部分，接着将剩下的食物送给它的爱人。就这样，这只鸟儿与我们越来越熟悉，会飞进房间里，有时还会在房间里鸣唱。一天早晨，我打开窗户，让这只鸟儿飞进来，想绘制出它的模样。它飞进来之后，我立即就把窗户关上了，很容易地就将它抓在了手里，在将它的样子画了下来之后，我就把它放了出去。然而自此之后，它就变得十分谨慎，再也不敢从窗户飞进来，不过它还会和以前一样鸣叫着观察我们。

在幼鸟离巢时，它们会跟随着亲鸟在花园中的醋栗果丛中穿行，就像许多老鼠那样，从一个小树枝跳向另一个小树枝，尾羽向上伸展着，身体做出一百多种不同的姿势。它们跟在亲鸟身后学习模仿，而亲鸟或是出于指导的目的，或是毫无来由地鸣叫着——后一种鸣声似乎是为了防止敌人靠近，它们总是十分焦急和细心地保护着后代。这些鸟儿大约在10月初的时候离开宾夕法尼亚州。

短嘴沼泽鹪鹩

英文名 | *Short-billed Marsh Wren*　拉丁文名 | *Cistothorus platensis*

短嘴沼泽鹪鹩

鸣禽／雀形目／鹪鹩科／沼泽鹪鹩属

善良的读者，请允许我将我的朋友纳托尔的名字作为短嘴沼泽鹪鹩二名法中的命名人，由于他对科学不知疲倦的热情奉献，我们才得以在这片土地上发现了这一新的物种。而威尔逊、波拿巴、巴克曼、皮克林、库珀、塞伊以及其他人也都付出过自己最大的努力来完善这个国家多样化而有趣的动物志。我同样也希望你能够允许我借纳托尔先生的文字，向你讲述这种有趣的小淡水沼泽鸟儿的生活习性：

"这一有趣而且鸣声婉转的小物种栖息在最低洼的沼泽草地上，但是短嘴沼泽山雀却不会到访芦苇地。它们也从来不会到农民的耕地上，性情总是很羞怯、胆小而且多疑。它们在5月份的第一个周末来到马萨诸塞州，而最晚在9月中旬以前就会回到南方。它们的迁徙活动或许是在夜里进行的，因为人们从来没有看见过这一物种的迁徙。因此它们在北方地区仅仅栖息4个月的时间。

"无论是栖息在一丛莎草上，还是在沼泽边缘的某株低矮的灌木上，它们都会每隔很短的时间便匆忙而真诚地发出活泼而奇怪的鸣叫声。在鸣叫的时候，它的头部和尾羽交替着垂下或竖起，仿佛这只小演唱家是被固定在一个支点上的。

"短嘴沼泽鹪鹩一般不会容许人们靠近，但是在我走到离这种鸟儿只有两三米远的地方时，它的鸣声就会变得粗糙又匆忙，而且声音越来越高，听起来满是愤怒和暴躁的情绪；有时候也会是低沉粗糙的苛责声。若是它们的巢穴受到了骚扰，它们的鸣声就会变得低沉而且哀怨。在繁殖季节的早期，雄鸟十分活泼而且鸣声婉转；在心情好的时候，它们还会不断重复着十分柔和婉转的悦耳颤音。在后期，另一只雄鸟会发出刺耳沙哑的鸣声，声音比蛙叫大不了多少。在人们靠近的时候，它们常常会飞落进草丛中躲藏起来。而它们大多数时候也会在这些地方寻找食物，它们的食物主要包括甲壳类的昆虫和蛾子。尽管躲藏在这些地方，它们仍然会一直发出奇怪的鸣叫声。在它们来到这里的一个月的时间里，在每一个晴朗的早上，我们都能听见它们欢乐的歌声在每一片低洼的沼泽地和潮湿的草地边缘回荡。它们总是在莎草丛中栖息和繁殖，在其中十分细心地养育幼鸟。

"短嘴沼泽鹪鹩的巢穴完全是用干燥的、新鲜的莎草建成，巢穴坐落在莎草丛中，垂下的莎草叶被编织成了它们巢穴的一部分。这些简单的材料被灵巧而辛勤地编织成了稀疏的球形结构，球形结构的一侧留有一个小而隐秘的入口。巢穴内部还有一层薄薄的内衬，通常为芳草属植物的棉绒纤维，或者其他一些相似的材料。鸟卵为纯白色，没有斑点，有6~8枚。在一个短嘴沼泽鹪鹩的巢穴中有7枚鸟卵，其中有3枚比其他的鸟卵都大，而且几乎是刚刚产下的，而其他4枚较小的鸟卵则几乎快孵化好了。从这一情形我们或许可以很好地推测出：它们是两只不同的雌鸟在同一个鸟巢中产下的卵。在野生鸟类中，这一现象其实要比我们想象的更多。雄性短嘴沼泽鹪鹩与许多其他的鹪鹩一样都过分忙于筑巢，而这些巢穴中真正被雌鸟使用的只有1/4~1/3。

"因为人们常常把它们和普通的沼泽鹪鹩弄混淆，所以这一物种的夏季栖息地仍然不确定；而且十分奇异的是，栖息在美洲南半球温和地区的另一物种与当前这一物种十分相似。布冯先生描绘过这种鸟儿的特征。康默森在拉普拉塔捕获了一只这样的鸟儿，但是对这种鸟儿的描述并不足以证明什么。当康默森在水上航行时，这只鸟儿或许藏身在沼泽地，正要飞上他的行船。这一物种到来和离开的时间与威尔逊的沼泽鹪鹩完全一致，因此我倾向于认为这一物种也栖息在宾夕法尼亚州。"

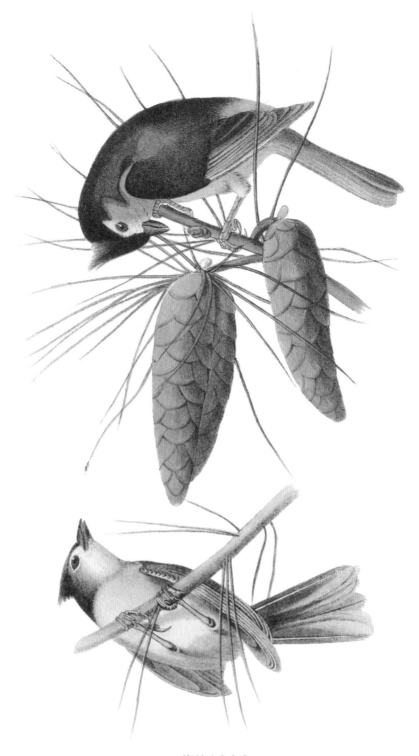

美洲凤头山雀

英文名 | *Tufted Titmouse*　拉丁文名 | *Baeolophus bicolor*

美洲凤头山雀

鸣禽／雀形目／山雀科／凤头山雀属

尽管这一机灵的小物种在路易斯安那州及相邻的地区繁殖，但是在这一地区它们的数量并没有在中部以及北部各州更多。夏季，它们往往更喜欢栖息在森林深处；夏季过去后，它们就会靠近种植园，甚至飞去人类的粮仓中寻找玉米。

美洲凤头山雀飞行距离较短，人们很少能看见这种鸟儿一次飞跃一片中型大小的田野。在从一棵树飞到另一棵树上时，它们通过不断地振翅来维持前行，同时还伴随着身体和尾羽的翘动，时常也会发出沙沙的声响。美洲凤头山雀会沿着树枝或树干移动，检查树皮上的裂缝，飞到小树枝末端，双爪抓住树枝，身体悬垂下来，而鸟喙则忙碌着啄掉一个山毛榉或榛树的坚果，抑或是一个橡子或矮栗坚果。它们会将这些坚果带到大树干上，将坚果稳稳地放在树皮上的裂缝中，接着用双爪握住，并用鸟喙重复敲击坚果壳。它们常常会忙碌上许多分钟才能吃到坚果里面的果仁。亲鸟常常会和幼鸟一起寻找食物，通常8～10只美洲凤头山雀组成一支这样的队伍。在类似地方觅食的同样还有五子雀和绒啄木鸟。在晴朗的天气里，我们能听到二三十米外的美洲凤头山雀劳动时发出的令人愉悦的声音。要是它们不小心将一个坚果弄掉在地上，这些鸟儿就会飞到地上，捡起果实，接着飞回同一个地方。在树木落叶后，它们还会停落在地面上或者干草上寻找食物；它们十分灵敏地跳跃着，来到小溪边饮水；在没有办法这样做的时候，它们也会飞到悬垂至小溪上的枝条末端弯腰饮水。事实上，它们似乎更喜欢后一种方式，而且它们还喜欢悬垂在树叶末端喝一些雨滴或者露珠。

美洲凤头山雀的鸣叫声十分美妙，人们常常听见它的鸣叫声嘹亮而且柔美。它们并不会像它们的亲戚——黑顶山雀那样，一直发出单调的单音节鸣声，而是鸣声丰富多变；在不熟悉这种鸟儿的人听来，像是某种善于歌唱的鸣鸟，但是当他走上前去，却会看见完全不同的身形，一定会大失所望。美洲凤头山雀的鸣声有时候像哨音，有时又像大声地抱怨，而且这声音仿佛是从更远的地方发出来的。

这一物种的羽冠通常是直立起来的，在它们的整体形象中是一个较大的亮点；而羽毛的色泽正如你看见的那样，并不够鲜亮。美洲凤头山雀的性情比较凶残，它们有时喜欢攻击身形更小的鸟儿，不断地用鸟喙重击对手的头部，直到击破它们的脑壳。

这种鸟儿有时会辛勤而顽固地在坚硬的树木上凿出一个洞穴来产卵，但是更多的情况是，绒啄木鸟的树洞或同属其他小型鸟类的巢穴就能满足它们产卵的需要。它们在树洞中塞满各种柔软的材料，接着雌鸟就会在其中产下6～8枚卵，卵为纯白色，鸟卵大的一端有少量红色斑点。在南部各州，这些鸟儿在4月初就产卵了；而在中部各州，这一时间却要推迟到将近1个月以后。幼鸟一旦能离巢，它们就会跟随在亲鸟的身后，飞来飞去，一直到第二年春天才会离去。

金冠戴菊

英文名 | *Golden-crowned Kinglet*　拉丁文名 | *Regulus satrapa*

金冠戴菊

鸣禽／雀形目／戴菊科／戴菊属

这种活跃的小鸟在拉布拉多地区繁殖。它们9月末来到美国，而且会一直继续向南方飞去，直到美国以南的地区。冬季里，我在我们最南方的边境地区见到过这些鸟儿。一些鸟儿整个冬天都会在整个南方和西部各州度过，而且会在3月初再次离开这些地区。

它们通常成群聚居，每一个金冠戴菊群都是由一个大家庭组成的，而且它们会与山雀、五子雀、美洲旋木雀一起觅食，在大树冠和小灌木丛上漫步，有时也会在森林的最深处或者最幽静的沼泽中。而在其他的时候，它们也会飞入种植园、花园和房舍的院子里。它们的行为举止总是十分活泼顽皮：它们飞着追那些细小的昆虫，在松树枝叶间捕捉到这些虫子，或者在枝干的裂缝中寻找昆虫的幼虫。与山雀一样，金冠戴菊会悬垂在树枝和一簇簇树叶末端，有时会冲着它们前面的空气拍动翅膀，总是十分忙碌。在这个季节里，它们并不会鸣唱，而仅仅是时不时地发出一声低沉的鸣叫。

1月23日，在我的朋友约翰·巴克曼的陪伴下，我在查尔斯顿附近的山林里看见了大群的金冠戴菊，它们正在树木高处和开阔的高地寻找着食物，对我们视若无睹，以至于我们走到离它们很近的地方时，它们也没有表现出半点惊慌。它们不断重复着微弱的唧啾声。我们希望从其中找到一两只以"火冠戴菊"这名字而闻名的鸟儿。但是我们并没能实现这个目标。它们时不时会发出一声嘹亮而暴躁的鸣叫声，与黑头山雀的鸣声有些相似。幼鸟已经长起了羽毛，但是雌鸟的数量远比雄鸟更加丰富。在这个季节里，它们头冠部的黄色斑点比在春季时稍暗淡一些；而在春季求偶时，它们会直立起羽冠。

8月份我从纽芬兰得到金冠戴菊的幼鸟，其头冠部与身体上表面为相同颜色。来到我们这里栖息时，它们的体型十分肥壮；但在纽芬兰，我们发现这些鸟儿十分纤瘦。我在插图中描绘的这对鸟儿栖落在一棵长在乔治亚州的植物上，我相信这株植物一定能获得你的赞美。

美洲河鸟

英文名 *American Dipper*　拉丁文名 *Cinclus mexicanus*

美洲河乌

鸣禽／雀形目／河乌科／河乌属

　　插图中的美洲河乌形象，参照的样本是6月15日在落基山脉地区捕获的。这一时期它们应该正在繁殖，所以它们或许是羽翼丰满的成年河乌。不幸的是，关于美洲河乌的生活习性，人们仍知之甚少。不过它们的外形和大小都与欧洲河乌十分相似，或许它们的生活方式也有相似之处。因此我将尽力向读者们展示一些欧洲河乌的生活习性，来弥补这其中的不足。我爱丁堡的朋友威廉姆·麦吉利夫雷在他家乡的荒山间满怀热情而敏锐地观察了它们的生活习性：

　　"它们常常来到河流和小溪边，尤其是那些清澈湍急且两侧多卵石和岩石的河流。若不是因长期的霜冻，它们很少会离开这个地方。在特殊天气下，它们会沿着溪流向下迁徙，有时候人们可以看见它们在急流和湖泊上飞过。水闸所在地也是它们最喜欢去的一个地方，尤其是在冬季和春季。在底部多淤泥或泥煤的湖泊上，我从来没有观察到过这种鸟儿；但是在那些岸边水浅而多卵石的湖泊上，则有机会看见这样的鸟儿——比如在亚罗的圣玛丽湖上，我就曾经射杀过河乌。

　　"河乌的飞行方式平稳迅速而且路线平直，就像翠鸟一样。之所以能够这样飞行，是因为它们会非常有规律地快速拍动翅膀，不会中断振翅或滑行。它们栖落在溪流边，或是水中的石头或是突出的峭壁上，在这些地方人们能看见它们时常放低胸脯，翘起尾巴，很像麦翁和野鸲那样——或许与鹪鹩更像一些；它们的腿部弯曲，颈部回缩而翅膀略微下垂。它们投入水中，并不恐惧水流的力量，下潜，在水下游动，常常逆流而行，速度却异常惊人。人们常常可以看见它们从一块倾斜的峭壁或者大块的岩石上潜入水中，静悄悄地消失不见，接着很快又从水面上探出脑袋，游动或者涉水重新回到原地栖落下来。一些人大胆地猜测河乌会在水中——在水底走动，但无论是观察，还是从推论或事物本质的角度这一点，都没能得到证明。河乌绝对不是一种步禽：在陆地上，即便只有几步远的距离，我也没有见过它们会走着过去，它们往往是用跳跃的方式。对于跑动来说，它们的短腿和弯曲的脚爪都是不利的工具；但是在光滑的岩石上，这些工具却能够帮助它们抓牢站稳，无论在水面上还是水面下，都是如此。

"据一些作者说，河乌的食物包括小鱼、鱼卵以及水生昆虫。我解剖了大量的河乌样本，但是在所有这些鸟儿的胃里我都仅仅发现了椎实螺、甲虫和沙砾。至于鲑鱼的鱼卵和鱼苗，还没有明确的证据能够证明它们会吞吃这些食物。过去人们单凭这一证据不足的怀疑而对河乌进行捕杀，我想鉴于证据不足，这样的行为应该停止。上述提到的软体动物构成了它们的主要食物，这一点从来没有被怀疑过，因此我也十分高兴能有此发现，这一点很好地帮我解释了这种鸟儿的水下活动。"

在此我能够陈述的、关于美洲河乌唯一前所未知的信息如下（汤森先生也支持我这一观察结果）：这一鸟类栖息在哥伦比亚河附近清澈的高山溪流上。在观察到它的时候，这只鸟儿正在湍急的河水中游动，偶尔会飞出来贴着水面飞行一小段，接着又潜入水中，从水面上消失许久。有时它还会在岸边停落下来，像一只鹡鸰那样翘动尾羽。我没有听到它发出一丝鸣叫。它的胃中有一些零碎的淡水蜗牛。我观察到，这种鸟儿不会停落在水面上，而是从空中直接潜入水中。

小嘲鸫

英文名 Common Mockingbird　拉丁文名 Mimus polyglottos

小嘲鸫

鸣禽／雀形目／嘲鸫科／小嘲鸫属

　　小嘲鸫一年到头都在路易斯安那州度过。我惊奇地观察到，在接近10月末的时候，当那些飞去东部各州的鸟儿——有些甚至飞至波士顿的鸟儿返回来的时候，这些"南方的鸟儿"立即就知道了。它们一有机会就会攻击前者。我之所以确定，是因为观察到了前者在到来之后连续几周都表现得很羞涩。然而，这种羞涩很快就过去了，那些"土著"鸟儿表现出来的敌意也是这样：在冬季的时候，它们就会结成一个大家庭，热热闹闹地一起生活。

　　在4月初，有时候也会提前两周，小嘲鸫就已完成交配任务，开始筑巢了。有时候它们会十分马虎，甚至把巢穴建在紧靠路边的篱笆围栏上。我常常在这些地方或者田野中以及荆棘丛中发现它们的巢穴。巢穴外层十分粗糙，用干燥的荆棘条、干枯的树叶以及青草混杂着羊毛建成。内巢是植物的须根，胡乱交错放置着，排成了圆形。雌鸟第一次会产下4~6枚卵，第二次4~5枚，而有时当第三窝鸟卵出现时，它们一般不会超过3枚，其中孵化出壳的幼鸟据我观察也往往不超过2只。鸟卵为短短的椭圆形，淡绿色，有焦茶色的斑块和斑点。最后一窝幼鸟直到这个季节末才能喂养自己，这时候许多浆果和昆虫已经变得稀少，因此它们的生长就变得缓慢。这一情形使得一些人认为在美国有两种普通小嘲鸫，一种个头大，另一种个头小一些。然而，据我观察，并不是这样。

　　在冬季，几乎所有的小嘲鸫都会靠近农舍和种植园，在花园或户外厕所周围栖息。那时候人们常常可以看见它们栖落在屋顶和烟囱上；然而它们总是生机勃勃的。在地面上寻找食物时，它们的动作轻盈而优雅，而且它们常常会像蝴蝶那样展开翅膀。这时候，它们沐浴在阳光下，移动上一两步，接着一瞬间将翅膀"绽放"出来。在天气温和的时候，老年雄性鸟儿会像在春天或夏天般兴致盎然地歌唱，而年幼一点儿的鸟儿则忙着练习，为求偶季节做准备。无论在白天还是黑夜，它们都几乎不会飞到森林深处，而是通常栖落在路易斯安那州房屋近处常绿树木的叶子间休息;不过在东部各州,它们更喜欢低矮的冷杉树。

小嘲鸫的飞行动作是不断地轻轻翘动身体和翅膀,每一个动作都会伴随着尾羽的强烈拉动。这一动作在鸟儿行走时会更加明显,那时它们的尾羽会像扇子一样展开,接着又瞬间闭合。这种鸟儿常见的鸣声是一种非常哀怨的音调,与它们的堂兄弟褐弯嘴嘲鸫在相似情况下发出的鸣声类似。在旅行时,这种鸟儿的飞行能力并不够持久,它们会从一棵树上飞落到另一棵树上,或者最多也仅仅飞越一片田野。它们很少能飞到森林上空。在迁徙过程中,它们通常会飞到水流附近山林中最高大的树木上,发出经常发出的哀怨鸣声,并且会在这些地方栖落休息。它们主要在白天旅行。

离开巢穴的小嘲鸫很容易被圈养,这通常发生在它们8~10天大的时候。它们会变得十分愿意亲近人、依赖人,因此常常会跟着它们的主人满屋子转。不过,尽管我竭尽全力想让这种鸟儿放松地歌唱,我还从来没有听到过圈养的小嘲鸫发出过任何接近它们在自然中所发出的曲调的声音。

黄腹鹨

英文名 | *American Pipit*　拉丁文名 | *Anthus rubescens*

黄腹鹨

鸣禽／雀形目／鹡鸰科／鹨属

在我到访过的美国的每一片土地上，我都看见过这一物种。黄腹鹨是一种被我称作拥有双重生活习性的鸟儿。因为它们不仅能像少数严格意义上的陆禽一样栖息在内陆地区的田野中，而且能在河流边缘甚至大西洋海岸上生活。

它们的飞行活动很轻盈，而且我更愿意说它们的飞行活动美丽而优雅。这些鸟儿在天空中飞来飞去，做着无数的旋转，仿佛飞行对于它们来说是一件毫不费力气的事。在内陆地区，它们会来到休耕地和广袤的草原以及耕地上。它们几乎不会以低于10只的数量出现，而常常会几百只一起飞翔觅食。它们时而在高高的天空中飞翔，稀稀疏疏地重复着起起伏伏的飞行，检查着下面的每一寸土地；时而掠过地平线，仿佛要落下一般，但最后却出人意料地集结队伍，盘旋起来，再次飞到高空中。常常在反复展示了六七遍这样惊人的飞行技能后，它们才会对自己领地的安全或是食物的丰足放心，这时候它们就会飞落下来，四处跑动着寻找食物了。它们跑动起来时同样迅速，就像云雀这种鸟儿一样轻快，不过在任何时候，只要突然停止跑动，它们的尾羽就会不停地颤动。而且在捡起食物的时候，它们的身体不会像真正的云雀那样半蹲坐下来，而是让身体随着腿部的上关节移动，就像画眉和其他的鸟儿那样。与云雀十分不同的一个特点是，它们常常停落在篱笆或树木上，甚至还能在上面十分自在地走动。

当它们栖息在草地和耕作过的田野上时，这些鸟儿会吃昆虫和小种子，同时还会捡食一些沙砾。在河边和海岸上，它们喜欢在近水边跑动，搜寻着常常藏身于漂流的树叶和水草中的昆虫。这时候它们尾羽的震颤更加明显，而且更快。它们常常会发出微弱的鸣声。它们是捕蝇能手，会从地面上跳起来，飞行着贪婪地追逐昆虫几米远。牛身上的虫子很受它们的欢迎，因此它们常常会在牛的身下行走——就为了寻找这种虫子。

角百灵

英文名 | Horned Lark　拉丁文名 | Eremophila alpestris

角百灵

鸣禽／雀形目／百灵科／角百灵属

角百灵在拉布拉多海边地区那高而荒凉的地带上繁殖。整个地区的样子就是连绵不绝的黑色花岗岩，上面覆盖着苔藓和地衣；它们大小不一，颜色不同，一些是绿色的，另一些像雪一样白，还有五颜六色的苔藓成块成簇地分布在那里。角百灵的巢穴被小心翼翼地建在一些地方，而这些苔藓的颜色与这种鸟儿十分相似。角百灵卧在那里，会觉得自己十分安全，因此只要不被踩到，它就会自信地一动不动。然而，当你足够靠近它的时候，角百灵就会振翅飞走，十分狡猾地装瘸，因此除了十分熟悉这种场景的人，大部分人都会去追逐它。雄鸟立即参与进来，也假装出很可怜的样子；它会发出一声柔和而哀怨的鸣叫声，自然学家若要夺走这些可怜鸟儿的宝贝们，必须克服自己那强烈的怜悯心。

巢穴边缘镶嵌在苔藓中，巢穴的材料是柔软的青草。青草被摆成了环形，中央有5厘米厚，还有用松鸡和其他鸟类的羽毛铺起的内衬。在7月初，鸟卵就被产在了这里。鸟卵有4~5枚，个头较大，为灰色，覆盖着许多淡蓝色和棕色的斑点。幼鸟在能够飞行之前就会离开巢穴，跟随着它们的父母走过苔藓。大约在一周的时间里，它们会在这些地方接受亲鸟的喂养。它们跑动得很灵敏，会发出一声柔和的吱吱叫，在危险出现的时候它们就会立即蹲坐起来。要是被发现并被追逐，它们就会纷纷四散开来逃跑，在逃跑的过程中张开翅膀，它们的速度十分迅速。在这些时候，一个人要想捕获两只以上的角百灵是极为困难的。

亲鸟这时候一直在敌人的头顶上追逐着，哀号自己的孩子将要经历的厄运。有几次，一些成年的鸟儿追逐着我们，几乎一路追到我们的船上，有时落在我们面前那块突出的岩石上，仿佛在恳求我们归还它们的幼鸟。在8月初，许多幼鸟已经长齐了羽翼，而不同窝的幼鸟们也常常在一起飞翔，一个鸟群中常常有四五十只甚至更多鸟儿。这时候，它们渐渐飞到海岸边的岛屿上，一直待在那里，直到9月初才启程离开。在某一天的黎明，它们开始向南方飞去；它们飞得离水面很低，队伍稀稀落落，几乎不像是在成群地迁徙。

角百灵的食物包括青草种子、矮生植物的花儿以及昆虫。它们是出色的捕蝇手；它们会在飞行中长时间追逐这些昆虫，还会时不时地飞到海岸边寻找微小的贝类或甲壳虫。

在冬季将要来临时，角百灵来到了美国。当北方的天气十分严酷时，早在10月份它们就出现在了马萨诸塞州。许多只鸟儿会在那里的海岸边和沙田中度过整个冬季；其他的鸟儿还会继续向南方飞去，但是几乎不会来到比大西洋沿岸的马里兰州更远的地方，或者阿利根尼山脉西部的肯塔基州下部地区。我的朋友巴克曼先生从来没有在查尔斯顿附近见到过一只角百灵，而我在路易斯安那州也仅仅见到过一只这样的鸟儿。当我捕捉到这只鸟儿的时候，它已经疲惫不堪了，看起来十分迷惑。

铁爪鹀

英文名 | *Lapland Bunting*　拉丁文名 | *Calcarius lapponicus*

铁爪鹀

鸣禽／雀形目／铁爪鹀科／铁爪鹀属

铁爪鹀的行为方式与雪鹀相似。它们在地面上轻松敏捷地跑动跳跃，许多只鸟儿一起跑向枯萎的草丛下，在草丛周围或下面寻找或许仍然存在的少量种子，同时一直不断地发出唧啾声，音调低沉而哀怨。一旦听到奇怪的响声，它们就会形成十分紧凑的队伍，飞起来，在空中回旋飞舞着，像云雀那样忽高忽低，又突然停落下来，而且或许立即会再次飞起来，重新做出奇怪的回旋。有时候，几百只鸟儿组成的鸟群会停落在篱笆的最高横栏上，或者在田野里低矮的大树枝上；但是这些时候，它们似乎与雪鹀一样十分不满意。

铁爪鹀几乎每一年里都会到访肯塔基州的路易斯维尔地区，但是在天气不是十分寒冷的时候，它们就几乎不会露面了。

理查森博士在《北美动物群》中对北美地区的这一物种做了最好的描写。在陈述了这一物种在两个大陆的北方地区都很常见的情况之后，他说："在冬季，我从来没有在皮毛之国的内陆地区见到过这一物种，而且我怀疑在这一季节里它们的主要栖息地在休伦湖和苏必利尔湖的湖边地区，以及这个国家同一纬度以西的地区。在1827年的5月中旬，大群的鸟儿出现在卡尔顿宫的平原上，其中有许多角百灵和少数其他的鸟儿。在它们出现在这里的10～12天里，铁爪鹀常常出现在空旷的地方，那里的野草往往已经在最近被烧尽了。几天后，在同一季节，它们也来到了坎伯兰豪斯，在那儿它们常常待在新耕地的犁沟里。在前一年里，5月初的时候，它们就出现在了富兰克林堡附近（北纬65.5°），尽管这时候它们只是小群在一起；在被杀死的鸟儿嗉囊中我们发现满满的野梅种子。它们在北冰洋海岸地区的潮湿草地上繁殖。它们的巢穴建在小丘陵上，在苔藓和岩石之间；外巢材料是大量的干草茎，外巢厚实而内衬是十分整洁紧凑的鹿毛。鸟卵通常有7枚，为淡赭黄色，有棕色的斑点。"

雪鹀

英文名 | *Snow Bunting*　　拉丁文名 | *Plectrophenax nivalis*

雪鹀

鸣禽／雀形目／铁爪鹀科／雪鹀属

在冬季寒冷的风暴刚刚冻僵了大地，并且带来了第一片降雪的云时，成千上万只这样的鸟儿在无情风暴的驱赶下，不得不向更温和的地区飞去。它们的翅膀几乎难以支撑住自己疲惫而且几乎冻僵的身体，而这些脆弱鸟儿的身材并不比它们名字中的雪花大多少。它们队伍紧凑，焦急地试图去克服在艰难的旅程中遇到的困难。这时它们贴近地面低低地飞行，队伍慢慢松散开，速度极快地划过田野寻找着食物；若是找不到食物，它们显然都会死去。若是它们的努力受挫了，这些旅行者们就会再次升起来，收起它们的脚爪，并且继续它们的旅行。最后，在饥寒交迫中，一些领头的鸟儿终于发现了没有被积雪覆盖的土壤。人们可以听见这些饥饿的旅行者们发出欢乐的鸣叫声，然后它们放松下来继续飞行，翅膀和尾羽伸展开，绕着大圈滑翔，一直向它们心仪的地方飞去。它们停落下来，分散开，一群群机敏地来到一株又一株的玉米秸下，不是抓刨这里的土地，就是在那儿捡起一只休眠的昆虫，或者啃咬枯萎野草的小种子，将它们混进一小部分沙砾中。若是两只雪鹀碰到了一起，竞争稀少的食物，较弱的一方会被迫退让，而较强的一方因为饥饿，会像所有生物做的那样，变得自私而冷酷。

雪鹀有时候在11月初会来到美国的东部地区，而且只要条件适宜，会一直逗留在那里，直到3月份。它们时不时会停落在树木上，常常也会停落在篱笆上，有时还会停落在低矮建筑的屋顶上。这些时候，它们的群落往往十分紧凑，有时排成连续的线条，这样一来，有心想捕杀一些雪鹀的猎人很容易就能一次捕获许多只鸟儿。

在美国，这一物种从来不会飞进山林中，而是更喜欢我们高原上的贫瘠土地或者海洋、湖泊和河流地区。那里十分疏松的沙质土壤上散布着小丛的灌木和青草。我认为雪鹀会努力在每一个冬天来到这里，除非因严峻的天气所迫不得不继续向南方迁徙。我曾经连续几个季节在伊利湖边缘和肯塔基州的荒漠上看到过这些鸟儿。

在路易斯维尔的每一个冬季，我都会在这座城市和希平波特村之间的开阔地上见到成群这样的鸟儿，在那儿它们的活动范围直径不超过0.8千米。也是在这一地方，一个清晨，我捕捉到了一些浑身覆盖着白霜的雪鹀；这些鸟儿已经冻僵，根本飞不起来了。在那个季节里，它们总是与角百灵、白斑黑鹀和几种雀属的鸟儿一起生活。它们常常停落在树木上，尤其是香枫树；这些树木的种子也成了它们的食物。

这一物种的飞行方式与角百灵十分相似：在高空中飞翔，速度快而且飞行时间很长。它们轻松自如地在空中长时间滑翔，在每一次转弯的时候，它们都会不断地发出柔和的哨音。而在地面上时，它们会十分灵敏地跑动；若是受了伤，它们则会敏捷地逃走，躲藏在草丛下。在危险过去之前，它们会一直悄无声息地贴近地面蹲伏着，这样我们便很难发现它们。

刚刚来到这里的时候，它们通常很驯服，十分容易被人靠近；但是它们的肉质鲜美，外形迷人，因此大量的雪鹀被射杀了，于是它们很快就会变得胆小而机警。在天气温和的时候，它们变得更加马虎，一只只离群四处游荡；到了中午时分，太阳光温暖地洒下来，雄鸟就会发出一些哀怨而柔和好听的鸣叫声。

在美国的大地上，人们仅仅发现了一个雪鹀巢穴。1831年7月，波士顿的莱特·布特先生在新罕布什尔州怀特山的斜坡上发现了这个巢穴。这位先生向我描述说，这个巢穴建在低矮灌木之间的地面上，形状与歌带鹀的巢穴相似。当时巢穴中还有幼鸟。

当这些鸟儿与我们在一起的时候，它们的羽毛颜色有多种，只是难以见到它们夏季的纯白色和黑色羽毛。我还从来没有看到任何拥有这样羽毛的鸟儿，即便是那些在3月末被捕获的、即将离开美国的鸟儿，也是如此。在拉布拉多和纽芬兰地区，它们以"白鸟"的名字而闻名。在那儿，它们的食物包括青草的种子、各种昆虫以及小型的有壳类软体动物。它们常常落在湖泊和池塘边缘生长的野燕麦上，食用这种植物的种子。与这些食物一起被吞进它们胃里的，还有一部分细沙或沙砾。

在冬季的时候，从新斯科舍省到肯塔基州，这种鸟儿的数量都很丰富。在大西洋沿岸，它们的数量则要稀少得多。一些鸟儿在佛蒙特州和马萨诸塞州繁殖。夏季它们在皮毛之国栖息。

美洲树雀鹀

美洲树雀鹀

鸣禽／雀形目／鹀科／雀鹀属

在10月初，若是天气寒冷，美洲树雀鹀就会在蔚为壮观的榆树林中出现，这些榆树林是装点了美丽的波士顿城市和附近乡村的一道亮丽风景；它们自愿留在这里度过严寒的季节，与这片土地上勇敢勤劳且富于进取心的人们一样，在为填饱肚子而付出辛勤的劳动。

在求偶季节里，美洲树雀鹀的歌声十分甜美。二三十只美洲树雀鹀会栖落在同一棵树上，这时它们的合唱常常令我心醉；一两只白喉带鹀时常还会用它们更加清脆的鸣声为美洲树雀鹀的歌唱伴奏。它们又像这个合唱团中的指挥家，似乎在为这些美洲树雀鹀歌手们打着拍子。在一天落幕的时候，它们常常会不断地重复着同一个音符，听起来就像撤退的信号一般。它们似乎与白喉带鹀混在一起，会在树枝间跳跃舞蹈，漫不经心地聊着天，直到两三只青蛙发出尖锐的鸣叫，才中断它们的娱乐。

在拂晓时分，它们都会十分清醒；若是东升的太阳预示了一个好天气，一群群的鸟儿就会飞起来，满心欢喜地立即向位于遥远北方的繁殖地飞去。

它们或五只或十几只一小群地飞来，接着又四散分开了。它们向地面上飞去，立即钻进茂密葱茏的小树丛中。它们的飞行方式比大多数美洲树雀鹀都更加优雅有力，而且除了狐色美洲树雀鹀以外，当它们在空中沿着弯弯曲曲的路线迅速飞过时，它们的飞行方式要比同科中其他任何一种鸟儿都更加连贯、整齐。

当我们在8月末回到美国的时候，美洲树雀鹀已经带着它们的幼鸟向南方迁徙了。夏季时，成年鸟儿头部的深栗色羽毛几乎已经褪去。它们的歌声也早已经变了调，在我听来仿佛是它们对这片土地的深情告别，因为这些可爱的小生物在这片土地上遇到了它们本性中渴望得到的所有欢乐。

插图中一对美洲树雀鹀被放在了一棵小伏牛花的嫩枝上，这一对鸟儿是在波士顿捕获的。插图的原作者是我最小的儿子。

美洲金翅雀

英文名 | *American Goldfinch*   拉丁文名 | *Spinus tristis*

美洲金翅雀

鸣禽 / 雀形目 / 燕雀科 / 黄雀属

这一物种仅在1月初的时候飞过路易斯安那州，在这一季节里它们出现在人们视野中仅仅有几天的时间。雌鸟和雄鸟混在一起，8~10只一小群，飞落在水源边大树的树冠上。这一阶段它们主要吃枫树上正在绽放的苞蕾以及其他同样鲜嫩多汁的食物。11月它们在向南方迁徙的途中会再次经过这里，但只停留几天的时间。

只有少量这种鸟儿在肯塔基州和俄亥俄州繁殖，中部各州才是它们在夏季的主要栖息地。不过，它们也会迁徙到高纬度地区。大约4月中旬，它们来到纽约州；而在夏季的时候它们的数量会变得十分多，我所描述的这一物种的生活习性也正是在这一地区观察到的。

美洲金翅雀的飞行方式与欧洲的同名物种几乎完全一致，它们的飞行路线起伏颇大，每一次方向的改变都是在翅膀的推动下完成的。在上升的飞行中，它们几乎总是会发出两三声鸣叫，这种鸣声与它们的欧洲亲戚们发出的鸣声相似。用这样的飞行方式，它们可以飞行很长的距离，而且在落下之前，它们常常会盘旋移动。美洲金翅雀的迁徙活动总是在白天进行。除非为了获得水，它们极少停落在地面上。它们会十分活泼欢乐地在水中沐浴，接着又会捡起一些碎石或沙砾。这种鸟儿非常喜欢结伴而行，因此一群飞行中的美洲金翅雀会为了一只栖落在树上的同类的鸣叫声而改变原本的飞行路线。这时候的鸣叫语调格外突出：这只鸟儿将它平日的音符拉长，音调起伏不大；在美洲金翅雀群靠近的时候，它会直起身板，向左向右摆动，仿佛在绕着一个枢纽旋转，显然欢欣地炫耀着它美丽的羽毛以及优雅的风度。在这飞行中的鸟群刚刚落下时，整群金翅雀便开始梳理它们的羽毛，接着便是一场动人的小型音乐会。我们这里金翅雀的歌声与欧洲同名物种的歌声十分相似；在法国和英格兰，我会常常想也十分高兴地以为那歌声正是我们自己的鸟儿唱出来的。而在美国，金翅雀的歌声也常常让我想起它们远在大洋彼岸的亲戚们，我在那"故国"土地上曾经历的诸多善良好客的行为也涌上心头，感恩的情绪不由得升起。

它们的巢穴与欧洲的这一物种所搭建的巢穴十分相似，外侧材料主要是各种地衣，它们被用唾液黏合在了一起，而内巢则铺衬着十分柔软的物质。这些巢穴尺寸小而又十分漂亮，它们通常坐落在箭杆杨的枝条上，有时候也只是建在枝条的一侧。我也曾在接骨木丛离地面几英尺的地方以及其他树上见到过这样的巢穴。雌鸟会产下4~6枚卵，卵为白色，有蓝色的着色，而大的一端覆盖着红棕色的斑点。它们在一个繁殖季节中仅繁殖1次。幼鸟在很长的一段时间里都会一直追随着亲鸟。亲鸟会像金丝雀那样嘴对嘴给幼鸟喂食，而且会逐渐教授幼鸟如何觅食。若是雌鸟在孵卵时受到惊扰，它就会滑翔到附近的树上，鸣叫着呼唤它的伴侣，站直了腿部来摆动身体，如前文中描述的那样。雄鸟飞来，会在离入侵者不远的地方飞来飞去，飞行路线比平时起伏更大，发出平时的鸣叫声。在这个不速之客离开后，它才会高兴地与伴侣一起飞到巢穴中，而雌鸟会立即投入到工作中。

美洲金翅雀吃的食物主要有大麻、向日葵、莴苣以及各种蓟属植物的种子。在冬天的时候，它们还会不时地吃一些接骨木的果实。

雄性幼鸟在第二年春天才会长出完美的羽翼。在冬季，老年美洲金翅雀的光彩就会变得暗淡，羽毛也会变得像雌鸟一样暗淡。事实上，在这一季节里，这一物种无论雌雄老幼，羽毛都很相似。

这一物种机敏的品格十分卓越，值得那些喜欢将本能与理性做对比的博物学家们注意。当一只金翅雀落在为了捕鸟而被缠满粘鸟胶的树枝上时，它很快就发现了这种物质危险的属性，于是便立即收拢翅膀，悬垂在这根树枝之下，直到粘鸟胶慢慢丧失黏性，它才会决然地飞走，仿佛从此再也不会落在这样一个地方。我就曾观察到一些金翅雀用这样的方法从我设下的诱捕陷阱里逃脱。在它们要落在任何缠有粘鸟胶或裸露的树枝上时，它们会在树枝上方振翅飞翔，仿佛在观察它们将要栖落的树枝是否安全。

紫朱雀

英文名 | *Purple Finch*　　拉丁文名 | *Haemorhous purpureus*

紫朱雀

鸣禽／雀形目／燕雀科／美洲朱雀属

从11月初到次年4月份，每群有6～20只的紫朱雀会一群群地出现在路易斯安那州和相邻各州。它们保持着紧凑的队形，忽上忽下地飞行着，与欧洲常见的金翅鸟相似。它们会在一瞬间整齐划一地飞落下来，经过一段时间的休息之后，像受了惊吓一样展翅飞走，绕着直径不大的轨道回旋，接着又会停落在相同的或者临近的地方休息。紧接着，每一只鸟儿朝着树枝末端飞去，十分灵巧地剥开花苞，吃掉其中的部分。为了达到这样的目的，它们会像许多山雀那样悬垂着，或是伸长了颈项来获得下部的花苞。尽管它们彼此在飞行中以及栖落休息时十分友好，然而在进食的时候，一旦有同类靠近，这些鸟儿就会明确做出不高兴的举动，比如竖起头部的羽毛和张开鸟喙，来驱赶它们。若是这种警戒被无视，更加强壮、勇敢的一方就会将另一方驱逐到树木的另一边。它们主要在早上以这样的方法进食，而在之后就会飞回到山林深处；在日落的时候再次出现，在田野边以及山林边缘飞来飞去。直到选定了一棵树木，它们才会飞落下来。一旦每只鸟儿都飞落下来了，它们就会站直，接着环顾四周，整理自己的羽毛并朝着苍蝇和其他昆虫做短距离的进攻，但是它们彼此之间不会相互干扰。它们常常会发出柔和的鸣叫声，在日落前人们总能在这些地方看到它们。太阳落山之后，它们才会再次飞回山林深处。

紫朱雀的歌声甜美而持久，春季和夏季的时候，在宾夕法尼亚州的山区，我常常可以听到它们醉人的歌声。它们时常会在这一地区繁殖，尤其是在大松林地区。在那里我看见过几对这样的鸟儿四处飞翔觅食，并且喂养它们的幼鸟。这些幼鸟出世的时间应该并不长，羽翼还没有长齐。不过我并没有在那里见到过它们的巢穴。它们为幼鸟寻找到的食物有昆虫、小浆果以及山地松球果中多汁的部分。

紫朱雀常常会和普通的交嘴雀玩要嬉戏，在同一棵树上觅食；而且与交嘴雀一样，它们有时也喜欢飞落在用于砌木屋的泥巴上。人们很少能见到它们飞落到地面上，不过它们在地面上的行动方式无论如何也算不上笨拙。一些农场主们认为紫朱雀是一种有破坏性的鸟儿,他们指责这种鸟儿对其水果树花朵造成了严重的破坏。我在路易斯安那州从来没有观察到过这种现象,这一地区的梨树和桃树上繁花似锦时,我们依然能看到这些鸟儿的身影。

理查森博士仅在萨斯喀彻温河的河岸上见到过这一物种,在那里它们以柳树的嫩芽为食。这位先生同样还做了如下的记录:"在横穿这个州向北方迁徙的过程中,紫朱雀的飞行速度极快,留在该州繁殖的紫朱雀数量很少,因此关于这一物种的生活习性,我没有更多的内容可以补充。不过我的确有一些理由相信人们认为这种鸟儿会对果树花朵造成破坏是正确的。去年,在这种鸟儿迁徙的时候,这些果树正昂首怒放。我可以清楚地看见一些鸟儿依附在树干上,对着花朵忙碌着;一些树木下面的的确确散落着一些它们搞破坏的'证据'。不过它们看上去并不是以花朵为食。我十分幸运地在这个季节里见到了紫朱雀的鸟巢和鸟卵。卡波特先生发现了另一个,而且他或许是第一个有这样发现的自然学家。我发现的紫朱雀巢穴被建在一棵雪松树上,距离地面大约有1.5米的距离。这棵雪松树孤零零地站在一小片沙质牧场上,周围稀疏地分布着一些未长成的小雪松。整个巢穴的结构比较粗糙;外层是粗糙的青草和野草,内层是相同植物的柔软根系,似乎这些小建筑师并没有为这项工作付出太多的心力。鸟卵有4枚,为明亮的翠绿色。"

松雀

英文名 | *Pine Grosbeak*   拉丁文名 | *Pinicola enucleator*

松雀

鸣禽／雀形目／燕雀科／松雀属

　　事实上，松雀是目前在北美地区发现的同类鸟类中最坚强的一种。在北美地区，一入秋，甚至连玫胸白斑翅雀都会飞到得克萨斯州以南的地区，但是松雀还是极为常见。

　　松雀还是迷人的歌手。至今我仍很清晰地记得，当我躺在纽芬兰圣佐治湾附近长满苔藓的岩石上聆听着它们婉转绵延的诗歌时内心深处所感受到的那种欢乐。直到8月中旬，我都能听见它们的歌声，尤其是在日暮时分。由此，我想起了自己昔日在清澈的莫华克河畔聆听到它们歌声时的愉快心情，那里的环境也很相似，松雀的歌声同样的柔和。但是，读者，在纽芬兰，这个我亲爱的小家族更加让我感动。周围的环境更加荒蛮而壮阔。巨大黝黑的花岗岩朝向北方，仿佛毅然对抗着严寒的风暴；当我想到那些旅行者们为了科学的进步而勇敢面对极地冬天残酷的环境，我的心便被寒意笼罩。光彩熠熠的西边天空和大海湾的水面上闪烁着星星点点的光，我被吸引到了这里，凝视这景象越久，就越不舍得离开；但是一片潮湿的云雾飘来，这里顿时被黑暗笼罩，鸟儿们停止了歌唱，四周变得一片混沌。我静悄悄地摸索着向海滩走去，很快就来到了里普利。

　　我们一行人中的年轻绅士们，由我的儿子约翰·伍德豪斯以及一个纽芬兰的印第安人陪同着走进丛林深处去寻找驯鹿，但是第二天下午就回来了，因为他们发现其中的苍蝇和蚊子真的让人难以忍受。我的儿子带回了许多只不同性别的幼年或成年的松雀，但是所有成年的松雀都正在经历换羽，羽毛上有深红色、灰色、黑色和白色的斑块。雌性和雄性的老年松雀的腿部布满了疮疤，看上去很怪异。我相信这些伤疤或赘疣是它们在寻找食物时从冷杉树的树脂类物质上获得的。一些松雀样本的跗跖骨后半部分是平常尺寸的两倍以上，腿部的赘疣只用手是无法除去的，而且我也很惊讶这些鸟儿竟找不到办法从这么不方便的附属物中解脱出来。我插图中的一只鸟儿样本就展示出了这种赘疣的形状。

我确信在温和的冬日里，大量的松雀会出现在纽芬兰的山林地区，而且一些鸟儿甚至在最残酷的天气到来时依然留在这里。一位居住在这一地区许多年的夫人也喜欢鸟儿，她明确地对我说，她在笼中圈养了几只雄性松雀；这些鸟儿很快就变得亲近人类了，会在夜里鸣唱，夏季以所有种类的水果和浆果为食，冬天则会吃各种种子；这些鸟儿喜欢沐浴，但是也容易痉挛；它们最后死于眼周及上颌基部的病痛。我在北美红雀和玫胸白斑翅雀身上也观察到了相同的现象。

　　这一物种的飞行路线往往像波浪一样起伏，而飞行方式平缓，在迁徙时沿直线前进，在森林之上的高空中，往往是5~10只一群。在白天，它们常常会飞落下来，落在正在长芽或开花的树木上。在这时，它们都十分地温和，而且很容易被靠近。松雀十分喜欢梳洗自己的羽毛；无论是在地面上还是在枝干上，它们都会小步跳跃着移动。朝它们开枪之后，我十分惊讶地发现那些没有被伤害到的鸟儿径直朝我飞来了；在离我仅仅几米的地方，它们又飞了出去，停落在最近的树木的低矮树枝上。它们就像小鹰隼那样直着身体站在那里，凝视着我，仿佛我是某种全新的事物，它们完全不了解属性一样。在伐木工营地周围，它们很容易被专门放置起来的雪地靴捕捉到。

红交嘴雀

英文名 | Red Crossbill   拉丁文名 | Loxia curvirostra

红交嘴雀

鸣禽／雀形目／燕雀科／交嘴雀属

我发现这一物种在缅因州和英属的新布伦威克省、新斯科舍省比在任何其他地方数量都更多。尽管在宾夕法尼亚州的大松林中，早在8月份我就见到过这些鸟儿，但是我从来没有见过它们的巢穴。在缅因州，许多人很肯定地对我说，他们隆冬的时候在松树上看见过这种鸟儿，而且那时候地面上的积雪仍然很深。

红交嘴雀喜欢群居生活，每个群体明显都是由一些小家庭组成，而且它们是十分温和友善的一种鸟儿。红交嘴雀很容易被靠近，用陷阱诱捕，甚至是用棍子捕杀。它们对人类几乎只有尊重而没有怀疑，因此它们常常会来到伐木工的小木屋门前，啄木板之间砌缝的泥巴。若是为了防潮而将一些木材做了木屋的地基，在严寒的天气里，它们常常就会钻进这些木材中，啄动下面的土地寻找更可口的食物。

红交嘴雀的食物主要包括包裹在各种松树和冷杉的球果中的种子。苹果树上一定能看到红交嘴雀的身影。为了获取苹果种子，它们会将苹果切成碎片，就像我们南方的长尾小鹦鹉一样。它们可以灵敏地用鸟喙绞碎球果，吃掉其中的种子，没有哪一种鸟儿的技术能比这更灵敏的了。它们的上颌端部被用来当作钩子，放置在果实的基部，头部猛然翘动就能将种子拉出来。它们常常单足站立着，另一只脚爪将食物传送到鸟喙中，就像鹦鹉那样。它们喜欢所有含盐分的食物。

这一物种的飞行路线起起伏伏，飞行方式坚定，十分迅速，而且可以在广阔的空中飞行很远的距离。在旅行的时候，它们的队伍零零散散并不整齐，而且不断发出嘈杂声，每一只鸟儿都时常会发出一声清晰的鸣叫。它们可以轻松地在地面上移动，横斜着停落在房顶和树木上，在鸟喙的帮助下攀爬树枝。在圈养时，它们很快就会变得驯服，十分温顺地接受人们的喂养。

我在插图中向你展示的是一群这样的红交嘴雀。它们的年龄不同，正忙着平常的活动。它们栖落的树木也是它们最喜欢的铁杉。

旅鸫

英文名 | *American Robin*　　拉丁文名 | *Turdus migratorius*

旅鸫

鸣禽／雀形目／鸫科／鸫属

在我登上拉布拉多崎岖的海岸之后，发现的第一种陆禽就是知更鸟，第一个洗礼我耳朵的也是它们欢快的鸣叫声。大块尚未融化的积雪仍然装点着这块荒蛮的土地。尽管一部分植物已经慢慢苏醒过来，空气依然寒冷刺骨，人们在心上对未来不禁更加恐惧和焦虑。恰当地说，没有高大的树木阻挡，放眼四周一片荒芜，远处的高山就像灰暗的斗篷悬挂在整个地平线之上，激起人无限的惆怅情思。当我听见旅鸫的歌唱时，我几乎难以控制住不流下泪来。它们飞来似乎就是为了让我融进周围的环境中。那歌声令我产生了千万个使人愉快的联想，这联想与我青年时期热爱的土地有关，立即鼓舞了我，让我重拾信心走完我那份冒险的事业。

这一物种在南卡罗来纳州阿利根尼山脉的东侧、北纬56°的地方繁殖，也可能是比这更远的地方。冬季在这些地区，人们无论向哪个方向走去，都会遇见几只这样的鸟儿。而在1831年的10月，在北卡罗来纳州的费耶特维尔，我发现美国知更鸟已经飞来并且加入到了那些在此繁殖的鸟儿队伍中去。天气依然温和而美丽，山林从每一个角度看去都仍然生机勃勃，山林中回荡着它们的歌声。在这个月底，它们来到了查尔斯顿。在11月中旬以前，它们鲜少能在路易斯安那州露面。在南方各州，在同一时间里，直到它们在3月份回归之时，它们的存在对于猎手们来说都是一件值得喜悦和庆祝的事情，弓箭、吹箭筒、枪支以及各种各样的诱捕陷阱所制造的混乱甚是精彩。每一个猎手回家时都用袋子装满了战利品，而市场上也充斥着低价出售的美国知更鸟。

在冬季的时候，它们主要以山林中、田野中、花园中甚至是装点我们城市和村庄的树木上的浆果和水果为食。冬青树、香枫树、光滑冬青以及十蕊商陆是它们首先攻击的对象；但是在这失败之后——1月份往往如此，它们就会来到城镇和农舍里，大口吞咽美味的浆果。不过它们常常会被这些可口的食物噎到，于是它们从树上跌落下来，很容易就会被捕获。当它们吃十蕊商陆树的浆果时，浓重的猩红色果汁会将它们的胃部和肌肉染上色。在夏季和春季时候，它们会吞吃蜗牛和蠕虫，而在拉布拉多地区我看见过一些知更鸟会吃小的贝类，它们的鸟喙可以轻易地从贝壳中攫出食物。

在春天将要来到的时候，它们会投身于新耕过的田野中，飞进花园和山林深处，以及被大火烧光了野草的丛林中，捡起地表下的蠕虫、蛆虫以及其他虫子。当它们处于栖落的姿势时，会突然扑向路过的昆虫，瞬间将它们吞掉，翘起尾羽，拍打着翅膀，接着返回原地。它们还会时不时地从田野中捡食玉米种子。

当太阳将温暖洒满大地的时候，老年雄性知更鸟便开始演唱了，它们所在的整个地方都会因为它们的歌声而变得生机盎然。幼鸟也开始了歌唱。而且它们启程向东方迁徙的时候，都变成了嗓音婉转的歌唱家。在4月10日之前，美国知更鸟就来到了中部地区；正在抽芽长叶的山林中已经四处可见山茱萸俏丽的花朵；芬芳的黄樟、枫树的红花以及成百上千的其他植物也都已经抛弃了灰暗的冬衣。积雪已经融化，大自然换上了精致的春季妆容，向整个动物世界许下快乐和富足的承诺。在这样的一幅景象中，我们还能看到知更鸟栖落在篱笆桩上或者田野中某棵形单影只的大树上，激情澎湃地演唱着。它的歌声谦逊、活泼，而且常常充满了无限的力量。每一个人都知道美国知更鸟和它的歌声。除了在捕猎的季节里，它一直都是年长或年幼的人们珍视的鸟儿，也得到了人们小心谨慎的保护。

这种鸟儿常常将巢穴建在苹果树水平的树枝上，有时候它们的巢穴也会出现在森林中相似的环境里。人们偶尔也会在自家的房子附近发现有知更鸟的巢穴。一个繁殖季中，知更鸟通常会繁殖2窝幼鸟。在第一个春天以前，幼鸟就会长齐羽毛，胸脯部位的羽毛会有斑点或者像插图中那样的斑纹。在圈养时，它们的羽毛会变得比野生时颜色更深，而且不太有光泽。

杂色鸫

英文名 | Varied Thrush   拉丁文名 | Ixoreus naevius

杂色鸫

鸣禽／雀形目／鸫科／杂色鸫属

斯文森先生在《北美动物群》一书中给出了这样一只鸟儿的形象，它不像成年雄性鸟儿那样有横贯胸脯部位的黑色线条。对这种漂亮的鸫科鸟类，理查森博士有如下的描述："这一物种是库克船长第三次旅行中在努特卡湾发现的。莱瑟姆先生描述了约瑟夫·班克斯先生拥有的雄性和雌性样本；彭南特也描述并描绘出了同一只雄鸟。本部作品中描绘的样本是1826年春天在北纬65.25°的富兰克林堡捕获的。我们没有听到它的歌声，也没有获得任何有关它生活习性的信息，仅知道它将巢穴建在了一株矮树上，与旅鸫的筑巢习惯相似。在萨斯喀彻温河的河岸上我们并没有看见这些鸟儿；而鉴于它们还没有出现在美国鸟类的名单上，在由南往北的迁徙过程中它们很可能不会来到落基山脉以东的地区——更常见的或许是该山脉以西的地方。"

理查森博士的这一猜想被证明是正确的，汤森先生和纳托尔先生发现，在落基山脉的西侧地区，这一物种的数量很多。前一位自然学家告诉我："他第一次发现这种鸫科鸟类是在哥伦比亚河，时间是10月份。在冬天，这一物种的数量会变得更多，这些鸟儿在这一地区过冬。不过还有一部分鸟儿会继续向南方飞去。在那里它们与常见的知更鸟一同栖息，但是它们的鸣叫声却完全不同，杂色鸫的叫声更大、更尖利而且频率更快。春天，在它们离开去寻找尚未确定的繁殖地的时候，这些鸟儿会十分甜美地歌唱。"

纳托尔先生做了如下笔记："这种鸟儿的行为特点与常见的知更鸟几乎完全相似，但是在其他方面我们几乎一无所知。它们或许会在高北方甚至努特卡那里繁殖，库克船长旅行到那里时第一次发现了这种鸟儿。在哥伦比亚河上，它们仅仅是冬季迁徙来的候鸟——它们在10月份来到这里，而且在整个冬季常常都有新的鸟儿飞来。这时它们结成小群飞过森林，在低矮的树木上小憩，仿佛突然集体失了声；有时候它们会十分羞怯，难以让人靠近，与知更鸟羞怯而敏捷的性情十分相似，而且仿佛总是一副散漫的状态。"

　　我拥有许多只这一物种的样本，因此我能够将它们与美国知更鸟以及另一种来自智利的新的鸫科鸟类做对比。杂色鸫尾羽的形状、长度以及宽度几乎完全与我们的知更鸟的尾羽一致；而且若是杂色鸫会用泥巴做结构筑巢的说法被证明是正确的，我想我会更加相信这些鸟儿与智利的物种之间有足够亲密的亲缘关系，因此它们应该被看作是真正的鸫属鸟类。

　　我插图中鸟儿的形象是参照成年雄鸟和一只在春季被射杀的精致雌鸟绘制的。

刺歌雀

英文名 | Bobolink　　拉丁文名 | Dolichonyx oryzivorus

刺歌雀

鸣禽／雀形目／拟鹂科／刺歌雀属

极少数这样的鸟儿会在春天飞过路易斯安那州，而更少的鸟儿会在秋季回归时经过这里；因此我倾向于认为，相比在美国南部地区，更多的鸟儿会在西印度群岛中的一些岛屿上过冬。事实上，它们几乎不会来到内陆地区，而是更喜欢在大西洋沿岸地区。这一地区刺歌雀的数量不胜其数。

在路易斯安那州，小群的雌鸟或雄鸟会在3月中旬和4月初的时候出现，飞落在草地和粮田上，捡食植物根下的蠕虫和昆虫。我听说，这些鸟儿在春季出现往往预示坏年景将要来临。人们有这样的观念，或许是因为这些鸟儿并不会定期经过路易斯安那州，有时候会连续三四年春天都不出现。

在宾夕法尼亚州，它们的名字叫作芦苇鸟，在卡罗来纳州和纽约州它们也都拥有不同的名字。春季留在路易斯安那州的时候，它们的歌声十分有趣：整群鸟儿一起鸣唱，其流畅的程度几乎让人惊叹；每一只鸟儿都具备相同的音乐能力，当三四十只鸟儿在领袖领衔歌唱之后依次迅速引吭高歌，它们的歌声听起来十分悦耳。在你正听得入神的时候，整个乐队突然又同时停了下来，看起来同样非凡。每当这群鸟儿在地面上觅食一段时间，它们就会在一棵树上停落下来，接着开始这种奇怪的表演。白天它们会时不时地重复这样的行为。

刺歌雀还有一个非凡的生活习性：当它们在春季向西部迁徙的时候，它们主要在夜间迁徙；而在秋季，当它们回归南方的时候，它们则通常在白天旅行。善良的读者，这一点对我来说又是一个谜题。

大约5月中旬，刺歌雀来到纽约州。在这一季节里，它们在这里仅作短暂停留，不过这也足够让它们对弗吉尼亚州、马里兰州和宾夕法尼亚州的玉米田造成巨大的破坏。据那里的人说，这些鸟儿会在植物的根部将茎叶截断。小玉米刚刚长出来、正鲜嫩多汁的时候，也正是它们饱餐的时候。这或许便解释了为什么那里的人会对这些鸟儿抱着这样的偏见。然而，它们接着会去到纽约州和康涅狄格州，并将它们的行程延伸到我们这一地区的最东边,以及尚普兰湖、安大略湖和圣劳伦斯河边上。

当它们的数量慢慢增多,并且在我们的土地上散落开来的时候,在任何一片草原或玉米地里就很容易看见几对这样的鸟儿了。它们美丽绚烂的羽毛以及歌声吸引了猎人的目光。大量的鸟儿被捕获并且被拿到市场上去出售;尤其是在纽约城的市场上,它们更是一种常见的商品。这些鸟儿被诱捕笼捕获,接着很快就会进食和歌唱。许多刺歌雀被带到了欧洲,但是它们获得的利润常常让这些商人们大失所望,因为这些鸟儿的羽毛已经变了颜色,与雌鸟已经没什么差异了。

在求偶季节里,雄鸟比任何时候都更加活跃。它们连续地飞起来又落下,这会儿也是它们主要的歌唱时间,而那时它们的动作与它们创作的叮叮当当的音乐一样有趣。此时它们的羽毛颜色也是最出色的。当它们从草丛中飞起来,从观察者的视野中飞走时,它们所展示出的纯黑色和白色的翅膀以及身体,也是同样美丽。

刺歌雀的巢穴建在地面上,对于地面的环境它们没有太多的要求,但是一般总是在草丛或者小麦、大麦丛中。外巢的材料是粗糙的干草和树叶,内巢是柔软的青草。相比刺歌雀的身材,它们的巢穴要更大一些。雌鸟会产下4~6枚卵,卵壳为白色,有明显的暗蓝色光泽和不规则的黑色斑点。它们在一个繁殖季节里仅繁殖1次。

幼鸟一离开巢穴,就与它们的亲鸟和其他的鸟儿家族聚集在一起,因此在7月末的时候大群的鸟儿就已经集结起来了。它们似乎是从东部各州的每一个地方飞来,来到河流和水域边缘栖息。它们的歌声也停止了,雄鸟漂亮的灰色制服也褪色了,羽毛变成了雌鸟和幼鸟那样的黄色。不过幼鸟的羽毛颜色比成年雄鸟的更加浓重。所有的鸟儿开始向南方回归,尽管它们的飞行速度缓慢,而且仅仅发出单一的鸣叫声,但是当它们白天在高高的空中长途跋涉时,我们也完全能观察到这些鸟儿。

10月末,只有少数刺歌雀留在纽约州和宾夕法尼亚州;在12月1日之前,它们就离开美国了。

在不同的季节里,这些鸟儿的食物也不同,蠕虫、毛毛虫,各种昆虫(比如甲壳虫、蝗虫、蟋蟀和蜘蛛),野燕麦、小麦、大麦、水稻和各种植物的种子都构成了它们的食物。它们附着在野草、芦苇和玉米的茎叶上,有时灵敏自在地跑动;在夜晚栖息的时候,它们会尽可能地贴近地面。

橙腹拟鹂

英文名 | *Baltimore Oriole*　拉丁文名 | *Icterus galbula*

橙腹拟鹂

鸣禽 / 雀形目 / 拟鹂科 / 拟鹂属

橙腹拟鹂从南方飞来，或许是从墨西哥，或许是从更遥远的地方。在路易斯安那州的春天刚刚到来时，它们就飞来了。它们来到种植园主的房子附近，在周围的树木上寻找合适的地方来度过接下来的日子。我相信它们更喜欢那些生长在小斜坡两侧的树木。一旦选定了树枝，雄鸟就会变得十分活跃。它飞到地面上，寻找最长、最干燥的苔藓，这种物质在该州被叫作"西班牙胡须"。每当它寻找到一些这样的材料，就会抓起来带着飞回自己要筑巢的地点。同时它还会不断地发出唧唧啾啾的鸣声，这似乎在说自己英勇无惧，而且认为自己是公认的山林之王。每当敌人靠近，或者突然受了惊吓，它的唧啾声会变得更大；一只小猫或小狗的出现都能让它这样鸣叫起来。一来到树枝上，它就极为聪敏地用鸟喙和脚爪将苔藓的一端固定在一根树枝上，手法和水手一样熟练；接着，它将另一端固定在几英寸外的另一根树枝上，中央的苔藓细丝就像一个秋千一样。雌鸟带着另一些苔藓细丝、棉线或者其他的纤维状物质赶来帮忙了，它检查了自己伴侣完成的工作，然后立即开始工作，将这些细丝互相交错着固定在伴侣固定好的苔藓上，形成了不规则的网络。看着它们优雅的建筑一点点建成，彼此的爱意也越发深了。

巢穴慢慢从下而上地建好了，除非将下面的树枝折断，再大的暴风也难以将它掀翻。这个巢穴中并没有任何保暖的材料，比如羊毛、棉花或布料，而几乎完全是铁兰（西班牙胡须）。巢穴的编织方式使它具备很好的透气性。这些鸟儿显然考虑到了即将到来的炎热天气，于是将巢穴建在了树木的东北侧。而若是它们来到宾夕法尼亚州或纽约，它们会用最保暖、最柔软的材料来筑巢，并且将鸟巢建在靠近阳光的一侧；因为在孵化阶段的早期，北纬地区的天气多变，太阳的热量不够，这些鸟儿必须做出这些措施来保证鸟卵能得到足够的热量。我多次观察到，这一物种的巢穴结构和位置有很多不同，我相信其他人也一定观察过这些现象。雌鸟产下4～6枚卵；而在路易斯安那州，这些鸟儿在一个繁殖季节里会产2次卵。孵化期为14天。

当这些鸟儿在树枝上跑动时，它们的运动方式几乎与所有其他的鸟儿都完全不同。为了获得远处的一只昆虫，它们会用脚爪抓住树枝，接着尽全力伸展脖子、身体和腿部。它们有时会沿着小树枝滑行，在其他时候也会横向移动几步。它们的动作优雅而庄重。它们的歌声中包含着三四个，甚至8～10个大而丰满的柔和音符，十分悦耳。

在幼鸟能够完全离巢前的一两天里，它们常常会依附在巢穴外侧，像小啄木鸟那样不断地爬进爬出。在离巢后，它们会跟随在亲鸟身后将近两个星期，并接受它们的喂养。一旦桑葚子和无花果成熟了，它们就会飞去吃这些水果，甜樱桃、草莓和其他水果它们也同样喜欢。春季，橙腹拟鹂的主要食物是昆虫，但它们并不会在飞行中追逐这些食物，而是在树叶和树枝间敏捷地寻找。我在5月初看到了第一窝幼鸟离巢，而在7月份看到了第二窝幼鸟。一旦它们能够完全照顾自己，它们通常就会彼此分离，并且独自离开这片土地，正如它们的亲鸟来时那样。

在迁徙时，这些鸟儿会在所有树冠以上的高空中飞行，主要在白天迁徙。我常常在日暮时分看到形单影只的鸟儿飞进低矮的树枝间觅食，接着又栖落下来休息。为了确定它们在白天迁徙这一事实，我记住了一只漂亮的雄鸟前一天休憩的地点，第二天天亮以前我就去观察它。我很幸运地听见了它的第一声鸣叫。接着，我看到它四处寻找了一会儿食物，又飞到高空中，向更温暖的天空飞去了。它们的飞行路线平直，而且飞行持久。

这种美丽的鸟儿很容易在笼中圈养，这时候可以用干无花果、葡萄干、煮鸡蛋和昆虫来喂养它们。在圈养时，它们的进食和繁殖活动都很好，而且也会细心地照顾幼鸟。

宽尾拟八哥

英文名 *Boat-tailed Grakle*　拉丁文名 *Quiscalus major*

宽尾拟八哥

鸣禽／雀形目／拟鹂科／拟八哥属

这一优雅的鸟儿栖息在南部各州，尤其喜欢海岸地区。事实上，它们不会深入到离沿海超过80千米的内陆地区，而且即使在这些时候它们也仅仅追随着大河泥泞的两岸迁徙，比如密西西比河、桑提河、圣约翰河以及萨凡纳河。

宽尾拟八哥终年群居，常常还会大群聚集，不过它们的规模远比不上普通拟八哥或者红翼鸫。大盐碱滩以及泥泞的水岸边常常是它们觅食的地方，在水稻刚刚成熟的季节，它们早已经扑身在稻田中了。秋季，它们常常会来到玉米田、耕作过的种植园中。这些地方往往散布着水塘或泥泞的环境，在将近傍晚的时候，它们就会来到盐碱滩上。大群这样的鸟儿在高大的沼泽植物下栖息，夜幕笼罩前，它们在这些地方低声鸣叫。

这一物种的食物主要是招潮蟹、各种较大的昆虫、蠕虫和种子，尤其是谷物。在河边和泥沼地上常常会有数以百万的沼泽蟹。它们常常还会捕捉虾类以及各种类似的水生动物。秋天，它们还会对即将成熟的谷物造成破坏，种植园主们不得不专门雇人来驱赶这些鸟儿。

大约2月初，雄鸟的羽毛颜色最绚丽，而且尾羽中央凹陷，就像一艘小船；但是在繁殖季节之后，它们的尾羽就不再是舟状的了。为了炫耀自己优雅的身形和美丽的外衣，雄鸟会飞落在常绿橡树的最高枝头，垂下翅膀和尾羽，鼓起胸脯，羽毛在阳光照耀下发出璀璨的光泽。这时它才会大声地歌唱起来，尽管它的歌声不总是好听的。它注视着自己的对手们，在它们飞过时追上去，接着兴高采烈地返回这里继续唱起来。

一旦获得了雌鸟的爱情，它就会克制自己嫉妒的情绪，开始筑巢。巢穴较大，枯枝、苔藓、粗糙的野草和树叶都是筑巢材料。内巢是环形摆放的柔软细草，其上是一层须根。鸟卵有4~5枚，为暗白色，有不规则的棕色和黑色条纹。这一物种在这一季节仅繁殖1次，幼鸟在6月20日就能跟着母亲飞翔了。雌鸟通常在4月1

日产卵，但是因所处纬度不同，时间也会变化，而且我相信年龄较大的雌鸟会比其他的鸟儿更早产卵。

这种鸟儿的飞行路线长，且有明显的起伏，每隔大约40米远就会重复之前的飞行方式。它们在高空中飞行，飞行能力持久。飞行时，它们队伍比较稀疏，而且会一直鸣叫。在秋季或雌鸟和幼鸟与雄鸟汇合之后，这些鸟儿返回巢穴的旅行往往就是有规律地从南向北，而在第二天一早离巢时则正好相反。除非突然受到惊吓，它们不会集体一起从灌木丛中飞起来。在枪声响起时，它们会飞上很远一段路，性情总是十分胆小机警。飞行时，雌鸟的尾羽并不会像雄鸟那样弯曲。

它们是一种勇气十足的鸟儿，常常会追逐鹰隼。我查尔斯顿的朋友威尔逊博士试图圈养一些刚刚孵化的幼鸟。他从两个巢穴中获得了4只幼鸟，用鲜肉喂养了它们几个星期，但是它们身上却生满了昆虫。尽管他细心照料，这些鸟儿还是死去了。

插图中是一对春季的鸟儿。它们栖落在自己最爱的槲树上。

东草地鹨

英文名 | *Eastern Meadowlark*　拉丁文名 | *Sturnella magna*

东草地鹨

鸣禽 / 雀形目 / 拟鹂科 / 草地鹨属

若是没回到东草地鹨数量最多、常常有机会观察到它们的地方去，我怎能向您完整地描述这一美丽鸟儿的生活习性呢？那么，读者，让我们去那些茂密的草地上走一走吧。

当东草地鹨一跃从地面上飞起来的时候，它会像一只幼鸟一样振翅，飞行断断续续，沿着直线，而且时不时地回头探看，成为最没有经验的猎手也能轻易捕杀的目标。在这样飞行了一段时间后，它们开始迅速地飞翔，交替着滑行或振翅，直到离开了人们的视野。只有在草丛中受惊的时候，它们才会出现在猎人的枪口下，但是永远不会在那里停留上一会儿。东草地鹨通常在白天迁徙，在迁徙过程中，它们飞到最高的树冠以上，稀稀疏疏地前进。迁徙的鸟群常常有50~100只鸟儿。在这些时候，它们不断地振翅飞行，偶尔才会滑翔上一会儿来呼吸和恢复体力。人们偶尔可以看见一只追逐着另一只，或从鸟群下方、或水平地离开鸟群，一直发出尖锐暴躁的鸣声，追逐上几百米的距离，然后突然放弃，回到鸟群中，整个队伍又和谐地继续前行。在飞行中观察到一个不错的进食地时，它们会渐渐飞下来，落在某棵孤独的树上，接着仿佛商量好了一般，集体翘起尾羽，踮起腿脚，并发出一声大而柔和的鸣叫。然后它们依次飞到地面上，立即开始寻找食物。一只成熟的雄鸟时不时地立起身体，焦虑地环顾四周；若是察觉到危险，它会悠扬地大声鸣叫，整个鸟群便警惕起来，并做好随时离开的准备。

就这样，东草地鹨在秋天从缅因州北部地区飞去路易斯安那州、佛罗里达州或者南北卡罗来纳州。大量的东草地鹨在这些地方度过冬天。这时候佛罗里达州的松林泥炭地被这些鸟儿占领了，而在土地被当地的牧民烧过之后，这些鸟儿也变得像栖息在伦敦的美洲树雀鹨一样煤黑煤黑的。一些鸟儿生了扁虱，全身的羽毛几乎都掉光了；通常它们看起来比大西洋沿岸各州的那些鸟儿小得多，或许就是因为它们少了羽毛的缘故吧。

当春季到来时，鸟群就分散开了。雌鸟会首先离开，然后雄鸟开始迁徙，小群或者孤零零一只单飞。在这个季节里，这些鸟儿的羽毛美丽了许多，而且动作也更加优雅，它们的飞行方式和在地面上的所有动作显然都表现出了它们胸怀中炽热的情意。雄鸟的步子庄重从容，它翘起尾羽或者伸展开尾羽，接着又将它闭合，就像某位美丽少女手中的扇子一般。它们的高声鸣叫也比以往更加悦耳，而且当它们栖落在某棵大树的树枝或者草地上时，它们会更加频繁地鸣叫。

这时候哪个敌人胆敢露面，它就有祸了！不仅如此，若是有雄鸟出现在视野中，它就会立即受到攻击；若是被打败了，它还会被赶得远远的。有时候几只雄鸟会同时参与到一场斗争中，不过这样的打斗几乎不会持续几分钟。一旦一只雌鸟露面，它们就会立即转移注意力，疯了一般追逐着雌鸟而去。雌鸟展现出了她常有的羞怯，当雄鸟发出最柔和的鸣声向她飞去时，她就会飞走，让热情的爱慕者疑惑她究竟是讨厌他还是在鼓励他。然而，最后雄鸟还是来到了雌鸟身边，唱起情歌，并用谨慎的举止表达自己的爱情和坚贞。她把他当作了自己的主人，接下来的几天里，人们就能看见它们忙着寻找一个合适的地方来产卵育雏了。

你会在高大茂盛的青草丛下发现它们的巢穴。它们在地面上挖出一个沟槽，在里面放上许多青草、须根和其他材料；这些材料按照环形被放置，排成了炉灶的形状，在这周围叶子和青草纠缠在一起，将这些巢穴隐藏了起来。入口处一次只允许一只鸟儿出入，不过两只鸟儿都要坐窝孵卵。幼鸟在6月末才会离巢，离巢后的前几周仍会追随在亲鸟身后。这些鸟儿总是坚持不懈地照顾彼此以及它们的幼鸟；当雌鸟坐窝时，雄鸟不仅会为它提供食物，还会不断地歌唱来安慰它，并且机警地环顾四周，确保它的安全。当有敌人靠近巢穴时，雄鸟会立即飞起来，不断地在巢穴上空盘旋，这样常常会暴露巢穴的位置。

除了鹰隼和蛇，东草地鹨在这个季节里并没有很多敌人。有常识而谨慎的农民鉴于这种鸟儿对草地上成千上万的幼虫的破坏力，在草地上割草时，若是遇见了这样的巢穴，也并不会打扰它们，而会让它们留在原地。甚至连小孩子也不会捕猎这种鸟儿或破坏它们的巢穴。

然而，东草地鹨也不是完全无害的。在南卡罗来纳州，许多有经验的种植园主声称东草地鹨是一种破坏者，它们会在早春燕麦种子刚刚播种下去时，将这些种子挖出来，而且喜欢拔下小玉米、小麦、黑麦或者水稻。

渡鸦

英文名│Common Raven   拉丁文名│Corvus corax

渡鸦

鸣禽／雀形目／鸦科／鸦属

在美国，一定程度上说渡鸦是一种候鸟，一些鸟儿会在严寒的冬季飞去最南方，在温暖的季节到来时又回到中部、西部和北部地区。它们通常栖息的地方是高山、陡峭的河岸、湖泊的岩石河岸以及人迹罕至的岛屿的崖壁上。就是在这些危险的地方，人们才有可能观察到这种鸟儿的自然习性。在那里，在纯净稀薄的空气中，渡鸦伸展开光亮的翅膀和尾羽；在伴随着每一次振翅向上的翱翔中，它似乎都清楚：自己离太阳越近，羽毛色彩就越灿烂。

渡鸦的飞行能力强，飞行路线平稳，而且在某些时候飞行时间也很长。在平静晴朗的天气里，它们常常会升到很高的空中，一次滑翔上几个小时；尽管它们的速度称不上迅速，但是在受到攻击时，它们却有足够的能力与各种鹰隼甚至雕类抗衡。渡鸦可以在这个国家北部浓重的迷雾中穿行，而且能够不知疲倦地在大片陆地或水域上空飞行。

渡鸦是杂食性的，它们的食物包括各种活的小型动物、鸟卵、死鱼、腐肉，像贝类、昆虫、蠕虫、坚果、浆果以及其他水果，它都爱吃。我从来没有见过渡鸦攻击大型的活体动物；但是我知道，它们会追逐没有猎狗跟随的猎人，仅仅是为了啄食猎物的内脏，而且还会带走晒制的咸鱼。渡鸦还会将捡到的贝类带到空中，然后将它砸向岩石，以获取其中的食物。它的视力十分敏锐，但是即使它们有嗅觉，这方面能力也很弱。在这方面，渡鸦与我们的秃鹫相似。

渡鸦的巢穴总是建在人类最难以企及的岩石上，而且我相信至少美国的渡鸦从来不在树上筑巢。筑巢的材料是树枝、粗糙的野草、羊毛等各种动物的毛发。鸟卵有4~6枚，形状为细长的椭圆形，有5厘米长，底色为浅绿蓝色，有不规则的浅紫色和黄棕色小斑点，大的一端斑点很多，甚至被完全覆盖。孵化期为19~20天。一年只繁殖1次，除非鸟卵被拿走或者破坏。幼鸟在巢中度过许多周才能离巢。成年鸟儿连续多年使用同一个巢穴来育雏；要是其中一只亲鸟死亡，活着的鸟儿会带着新的伴侣一起使用这个巢穴。甚至在幼鸟出壳后，若是其中一只亲鸟死亡，留下的亲鸟通常会想方设法找到一个伴侣来帮助它完成养育后代的任务。

渡鸦是一种喜欢群居的鸟儿，在繁殖季节里，四五十只甚至更多只鸟儿有时会一起出现在拉布拉多海岸和密苏里州。我就观察到过这样的情形。被圈养时，在主人的悉心照顾下，它们会对主人产生深厚的感情，会像一位无话不谈的朋友一样跟在主人的身后。渡鸦能模仿人类的声音，因此一些渡鸦经人训练后能清楚地说些简单的句子。

渡鸦在地面上的行走方式庄重，仿佛在边踱步边思考。在行走时，它们还经常动一动翅膀，仿佛要保持肌肉的活力。

这一物种的数量在落基山和哥伦比亚河沿岸地区非常多，同样在皮毛之国也很常见，据理查森博士说，它们会到访极地海域中最遥远的岛屿。即便在最严酷的冬天，它们也常常会来到加拿大北部地区的荒原上，跟随在驯鹿、麝香牛和北美野牛的兽群后面，随时准备着吃掉被其他捕猎的动物杀死或者意外死亡的动物。他还讲述了这种鸟儿对金属材质物件的偏执热爱："肯德尔先生看到过一只渡鸦脚爪中抓着一件东西飞来飞去，一大群它的同类聒噪地在它后面追赶着。这只鸟儿遭到枪击之后松开了脚爪。这时人们才发现那竟然是一把衣柜的锁！"汤森先生告诉我，在哥伦比亚河上，渡鸦常常会出现在大马哈鱼渔场周围，而在冬季时候它们也能十分熟练地找到一顶用来保存鱼的小帐篷。在那些地方，它们还是猎人们的好助手——它们会在猎人们收拾猎物时帮忙清理掉被抛弃的猎物内脏。

短嘴鸦

英文名 | *American Crow*   拉丁文名 | *Corvus brachyrhynchos*

短嘴鸦

鸣禽／雀形目／鸦科／鸦属

到群居生活中，这时候一群短嘴鸦常常有几百只，甚至达到上千只。在秋天即将到来的时候，在东部地区繁殖的短嘴鸦几乎都迁徙到了南部各州，因此大量的短嘴鸦在这些地区过冬。

我们的短嘴鸦的叫声与外形，跟与其十分相近的欧洲物种的鸣声极为不同。我认为我们的短嘴鸦要比欧洲的物种小得多，而且它们的舌形与后一种鸟儿的舌形并不相似；除此以外，小嘴乌鸦也几乎不会群居生活，而是成双成对地出没。只有幼鸟刚刚学会飞翔的时候，它们才以小家庭为单位一起活动几个星期。

凡是我们的短嘴鸦数量丰富的地方，就极少能看到渡鸦，反之亦然。从肯塔基州到新奥尔良，渡鸦都十分罕见，但是每隔不远的地方我们都能看见一些短嘴鸦。相反，在密苏里州以及拉布拉多海岸上只有少量短嘴鸦，但是渡鸦却很常见。我发现在纽芬兰地区短嘴鸦也同样罕见。

与渡鸦一样，我们的短嘴鸦也是杂食性鸟类，水果、种子和各种各样的蔬菜都是它们的食物；它们还同样喜欢蛇、青蛙、蜥蜴和其他小型的爬行动物；它们时常还会寻找各种蠕虫、蛆虫和昆虫来换换口味；若是饿极了，它们也会飞落下，吞吃一些腐肉。它们与杜鹃一样喜欢吸食其他鸟儿的卵，而且与山雀一样，在暴怒的时候，它们也会啄破一只生病或者受伤鸟儿的脑壳。它们喜欢骚扰在黄昏和黎明时出来觅食的猫头鹰、负鼠和浣熊，甚至在白天也会跟踪狐狸、狼、美洲豹以及我认为的任何其他食肉动物，仿佛它们等不及人类来摧毁这些野兽后才分一杯羹。它们掠夺多产的田野，因此受到惩罚，可是当它们将偷窃的鹰隼赶出家禽舍时却极少会获得应得的赞美。

它们的巢穴与欧洲物种的巢穴十分相似。巢穴外侧是枯枝混杂着野草，泥巴或黏土充当了黏合剂，内巢是须根和羽毛。鸟卵有 4~6 枚，为浅绿色，有紫灰色和棕绿色的斑点和色块。在南部各州它们在一个季节里繁殖 2 次，但是在东部地区仅仅只有1次。两性亲鸟都会孵卵，它们对幼鸟的细心和关爱也不输给其他任何一种鸟类。尽管这一物种的巢穴常常靠得很近，但是它们远没有鱼鸦那么亲密，因为许多鱼鸦常常将巢穴建在同一棵树上。

短嘴鸦飞行迅速持久，而且有时会在很高的高度上飞行。它们时常会与美洲鹫一起飞翔，同时做伴的还有它们的亲戚——鱼鸦；这些鸟儿对短嘴鸦似乎都不反感，但是在白头海雕出现时，美洲鹫会表现出不喜欢的态度。

在秋末和冬季的南方各州，短嘴鸦尤其喜欢搜寻烧过的田野。甚至当田野、山林或长满高大野草的草原正在熊熊燃烧时，许多短嘴鸦已经在另一边寻找野鼠和其他小四足动物，以及蜥蜴、蛇和昆虫的残躯了。在同一个季节里，大量的短嘴鸦还会来到池塘、湖泊和河流边上，那里通常覆盖着繁茂的水草或香蒲。在日落前的一个多小时里，它们来到这些地方，队伍稀疏，鸟儿们都很安静。陪伴而来的还有白头翁、燕八哥、食米鸟，而鱼鸦则会从相同的地方返回离海岸许多英里的山林深处。

短嘴鸦最突出的技巧还是它们优雅的动作。和松鸦一样，它们会用鸟喙在鸟卵上钻一个洞，好安全地将它带走并吃掉。我曾经看到一只短嘴鸦用这样的方式偷走了一只火鸡所有的卵。读者，我向农夫们保证，要是没有短嘴鸦，数以千计的农作物会在切根虫的噬咬下枯死。尽管如此，我仍努力公正地陈述这种鸟儿的习性，不希望以任何方式掩盖它们的错误。

喜鵲

英文名 | Common Magpie   拉丁文名 | Pica pica

152

喜鹊

鸣禽／雀形目／鸦科／鹊属

喜鹊在美国的西北部地区数量很多，在远至萨斯喀彻温河的北方地区也能见到这些鸟儿。据理查森博士说，一些喜鹊会在那里过冬；至于大西洋海岸，它们最远会到路易斯安那州红河的上游，派克上校和美国军中的一位中尉都曾在那里见到过大量喜鹊。尽管威尔逊已经将他对这种鸟儿的描写发表了，我还是很乐意在本文中重述这一段文字。他说："为了获得少得可怜的食物，我们的马艰难地扒拉开地上的积雪；但是让它们更加不幸的是，这些可怜的动物遭到了喜鹊的围攻。这些喜鹊被马酸痛的背部吸引，纷纷飞来落到马的背上，完全无视马儿的骚动和抽搐，啄食它们露出的皮肉；在这个难以获得食物的季节里，这些鸟儿变得十分放肆，甚至会落在我们的胳膊上，试图啄食我们手上的肉。"

关于美洲和欧洲的喜鹊是否是同一种鸟类，目前还有不同的意见。托马斯·纳托尔先生看过两个大陆的喜鹊以及它们的巢穴，也观察过它们的生活习性。他告诉我，他认为这些鸟儿完全是同一个物种。萨宾船长和查尔斯·波拿巴却不这样认为。斯文森先生在比较了这些生物后做出了下面的论述："在这些鸟儿身上我们观察不到丝毫的差异，不但不能说是两个物种，甚至都称不上是亚种。"这也是我自己的观点。

我的朋友托马斯·纳托尔有如下的笔记："在7月15日，我们来到斯内克河岸边，在那里第一次见到喜鹊，陪伴它们的大部分是渡鸦，但是没有一只短嘴鸦。喜鹊的幼鸟十分乐意亲近人，而且贪吃，会来到人们的露营地上寻找食物。因此它们很容易被印第安人的孩子们捉住，然后很快就接受了野蛮的圈养生活。年长的鸟儿十分胆怯，但是幼鸟会在我们周围单足蹦跳并且沙哑地低鸣，像许多秃鹫那样用力拉出被抛弃的动物的内脏。这些鸟儿与欧洲被驱逐和迫害的喜鹊不同，至少我们的喜鹊幼鸟显然能够从人类那里获得食物，因此在我们靠近时它们并不会发出任何警告的鸣声。若是受到了驱赶，它们很快还会返回同一个地方，那单调沙哑的鸣声一整天都环绕着我们。这个季节的干燥、昆虫和小型鸟类的罕见，毫无疑问都促使喜鹊接受了它们值得怀疑的朋友和宿敌——人类的不常见的善意。在落基山脉中央高原的溪流边缘，我在几处地方看到了喜鹊的旧巢。这些巢穴通常建在低矮茂密的灌木丛中，筑巢方式总是一致，错综交叉的树枝形成了巢穴周围的栅栏和上方的拱顶。我们几乎没有在哥伦比亚河下游的茂密森林中见到过这种鸟儿，在普拉特河与密苏里河也是如此。在这些地方它们都仅仅是偶然到访的客人，然而在上加利福尼亚州的蒙特利地区它们却很常见。还有一次，我观察到一群喜鹊幼鸟英勇地追逐其他的鸟儿，甚至包括灰背隼。"

冠蓝鸦

英文名 Blue Jay   拉丁文名 Cyanocitta cristata

冠蓝鸦

鸣禽／雀形目／鸦科／冠蓝鸦属

　　读者，请看插图中这三只漂亮的鸟儿——尽管漂亮，却都是无赖；而且若是让我对它们的行为做判断，我愿意叫它们小偷。看它们多么肆意地享受着偷窃的果实，吸食着从无辜的野鸽或无害的松鸡那里偷来的鸟卵！谁能想到样子这么优雅、羽毛这般华丽的鸟儿竟然会做出那么多让人伤脑筋的事；自私、狡诈和恶意竟然与这么完美的外形相伴而生！然而，它们就是这样，还有那些更加高级的物种也是如此，它们确确实实就是一群华丽的骗子！若不是因为我有别的任务，关于这个话题我还可以写整整一章内容。

　　冠蓝鸦是能够在寒冷和温暖的地方生活的物种之一。在北方，它们出现在加拿大的一些农田中，掠夺农夫们的玉米仓；在南方，大量的冠蓝鸦会在美国的最南端过冬。无论出现在哪里，它们都会做相同的恶作剧。它们可以惟妙惟肖地模仿美洲隼的鸣声，附近的小鸟们听了都纷纷躲进茂密的树丛中。它们会侵略每一个被它们发现的鸟巢，像乌鸦那样吸食鸟卵，甚至会将其中的幼鸟撕碎吞掉。

　　在美国的每一个地方，冠蓝鸦的数量都很丰富。在路易斯安那州，它们的数量极为丰富，以至于成了农民们的心头大患。它们挖出农民们刚刚种下去的玉米、豆子和番薯，残害每一棵果树，甚至会摧毁鸽子和家禽的卵。这些农民于是养成了习惯，经常将一些用砒霜浸泡过的玉米粒撒在地上，这样一来，在田野和花园里经常可以看到被毒死的冠蓝鸦。

　　冠蓝鸦总是十分殷勤地寻找食物，在迁徙途中更是如此。在迁徙的时候，凡是有北美矮栗树、野栗树、橡树或葡萄的地方，都会看到大群的冠蓝鸦停落在这些树木的树冠中，分散开，忙碌着收获果实。那些掉在地上的果子也被捡了起来，放进树缝里或篱笆栏杆上，或者放在树干上并用脚爪固定住，接着就用鸟喙不断地锤击，直到可口的果实露出来。仿佛就为了能这样收拾干净遗落的果实，冠蓝鸦会在白天不断地从一个地方飞去另一个地方。

从路易斯安那州到缅因州，从上密苏里到大西洋海岸，这一物种在美国的所有地区繁殖。在南卡罗来纳州，它们最喜欢在榭树上筑巢。在佛罗里达的一些地区更多见的鸟儿叫作佛罗里达蓝鸦；而在佛罗里达群岛我则没有见到过一只这样的鸟儿。在路易斯安那州，它们在种植园主的房子周围筑巢。大街两侧或院子中的树木接近树冠的部分是常常能见到这种巢穴的地方。这里的巢穴常常要建在比中部各州高很多的地方。在那些地方，它们也相对比较胆怯。它们有时会使用乌鸦或杜鹃抛弃的旧巢。在南部各州，从路易斯安那州到马里兰州，它们一年会繁殖2次；但是在马里兰州以东的地方却很少会超过1次。尽管它们也会出现在海岸边，但是在山野地区它们的数量更加丰富。巢穴用嫩枝和粗糙的材料建成，内衬是须根。鸟卵有4～5枚，为暗淡的橄榄色，有棕色的斑点。

冠蓝鸦是真正的杂食性鸟类，会不加选择地将肉类、种子和昆虫吞进胃中。与其说它们勇敢，不如说它们残暴。与自然界中大多数欺软怕硬的暴君一样，它们欺负弱者，但是惧怕强者，甚至在面对相同力量的对手时也会选择溜之大吉。事实上，在很多情况下，它们都是彻头彻尾的懦夫。我曾经见到一只冠蓝鸦定期神态自若地来巡视一个地方所有不同鸟儿的巢穴，吸食掉每一只新产下的鸟卵，样子和查房的医生很是神似。我也目睹过这些鸟儿悲伤失望的情景，当它回到自己的巢穴时，眼见着自己的配偶被吞进了蛇的口中，鸟巢分崩离析，鸟卵也都不见了。在这些时候我曾经不止一次地想，或许它们也像所有其他的大罪犯一样，在意识到自己犯下暴行时会感到强烈的懊悔。

灰噪鸦

英文名 | Grey Jay　拉丁文名 | Perisoreus canadensis

灰噪鸦

鸣禽／雀形目／鸦科／噪鸦属

在缅因州，灰噪鸦更为人所熟知的名字是"食腐鸟"，之所以获得这样的名字，当然是因为它们食腐肉的癖好。当它们的胃口满足之后，它们就变得胆怯起来，常常会躲在茂密的山林或灌木丛中；但是在饥饿的时候，即便是人的靠近也不能引起它们的恐惧，它们甚至还会变得愿意亲近人类，制造各种麻烦。有时候它们还会大胆地闯进伐木工人的营地里，或者企图夺走他们放在陷阱上的诱饵。我慷慨的朋友、新泽西莫里斯顿的爱德华·哈里斯先生告诉我，1833年夏末，当他乘着桦木小舟在缅因州内陆的湖泊上垂钓时，一些灰噪鸦胆大包天地落在他的小舟一端，而他坐在另一端。它们丝毫不理会这位先生，毫不客气地吃掉了他的鱼饵。

该州的伐木工人们在吃饭的时候常常会在营地里用作"杀死食腐鸟"的游戏来娱乐。他们削出一根2.4~3米长的木杆，将木杆中央放在他们营房的门槛上，在外侧末端放好任何一种肉类作为诱饵。灰噪鸦在看见这口肉的同时就飞来落下了；当它忙着吞咽的时候，营房内的伐木工人就在营房内的木杆末端上重重地锤击一下，另一端的鸟儿不出意外总是被抛上半空，而且常常就这样死掉了。

《北美动物群》一书中针对灰噪鸦有如下描述："这种优雅而常见的鸟儿栖息在从北纬65°到加拿大的山林地区，冬季它们出现在美国北部地区。冬天，在皮毛之国的行人刚在森林中选好了一块休息之处，扫清了积雪，点燃篝火，准备好了露营地，灰噪鸦就飞来拜访他了。它们明目张胆地落到露营地上，捡食饥饿又疲惫的雪橇犬没能吃进嘴中的冻鱼或干肉饼碎屑。虽然人类会因为其他各种理由而喜欢一些鸟儿，但是灰噪鸦的声音、羽毛、外形或态度都不招人喜欢。不过，灰噪鸦的自信弥补了它在其他方面的不足，它们是那片冷清又荒蛮的森林中唯一相信人们的慷慨而且勇敢地靠近人类的鸟儿。因此，每当它们出现时，它们总会受到我们真心的欢迎。它们常常会到皮毛站和捕鱼的地方去寻找食物，而且在冬季会变得很驯服，从人的手上啄取食物；然而在圈养时它们会变得很不安，一旦失去自由很快就会憔悴。灰噪鸦会十分活泼地在树枝间跳来跳去，但是在休息的时候，它们就将脑袋缩了回去，身上的羽毛十分松散。它们的鸣声哀伤而尖锐；在看到食物的时候，它们常常还会发出低低的唧啾声。它们在树洞或者枯死的桦树树皮间储藏浆果和肉片等。有了这些食物，它们可以舒服地度过冬天，还可以在积雪尚未完全融化的时候养育幼鸟。事实上，它们的繁殖活动比皮毛之国的其他鸟儿开始得要早。它们的巢穴被小心地藏了起来，我交流过的印第安人都没有发现过这样的巢穴；但是哈钦斯和海恩都告诉我说："灰噪鸦的巢穴通常建在冷杉树上，材料是树枝和青草；鸟卵为蓝色；幼鸟绒毛很黑，在5月中旬学会飞翔。"

对于我来说，灰噪鸦的举止，无论栖落时还是飞行中，都像任何一种相近的鸟类一样优雅，不过它们的羽毛显然十分平常。它们总是十分欢乐活泼，即便饿极了，来到行人荒凉的露营地上希望获得一丁点残羹冷炙时，也是如此。

灰伯劳

英文名 | Great Grey Shrike   拉丁文名 | Lanius excubitor

灰伯劳

鸣禽／雀形目／伯劳科／伯劳属

尽管这一物种一年中的大部分时间里都在美国的最东部各州以及北方的国家栖息，但许多鸟儿还是会留在中部各州的山区，并在那里繁殖。在天气极为恶劣的冬季，它们会继续向南方迁徙，来到密西西比河上的纳齐兹城。

在春季和夏季，它们从中部各州的低洼地飞到山林地区，一直待在那里，直到秋天。在大约4月20日的时候，雄鸟和它的配偶就开始筑巢了。森林中隐蔽的地方是它们常选的筑巢地。我在离地面不足3米的灌木丛上发现了一些这样的巢穴。它们似乎对树木不加选择，但总是在接近树冠的树杈上筑巢。它们的巢穴与知更鸟的巢穴同样大，外巢材料是粗糙的青草、叶子和苔藓，内巢是须根和火鸡以及雉鸡的羽毛。鸟卵有4~5枚，为淡灰色，大的一端有许多淡棕色的斑点和条纹。孵化期为15天。

幼鸟起初为深蓝色，在长出羽毛后，上体表就会呈现出暗红褐色的光泽，从喉部到腹部有弯弯曲曲的横向斑纹。直到秋末它们都会保持这样的外形，不熟悉它们的人还以为是不同的物种。这些幼鸟一直与它们的亲鸟在一起，甚至在冬季也是如此。毛毛虫、蜘蛛和各种虫子是它们最喜欢的食物，另外还有浆果；在它们渐渐长大后，亲鸟会为它们带回一些小鸟的肉。在离巢前，它们可以贪婪地吞吃这样的食物。

这些勇敢的小战士具备模仿其他鸟儿歌声的本领，尤其是那些表达痛苦的鸣声。因此它们常常模仿美洲树雀鹀或者其他小型鸟类的鸣叫，人听上去还以为是一只美洲树雀鹀因落入鹰隼的铁爪而痛苦地尖叫；我十分怀疑它们这样做是为了吸引其他的鸟儿来帮助营救它们受苦的同胞。有几次我看到灰伯劳做出这种尖叫的行为，接着它们突然从栖落的地方飞进灌木丛中。灌木丛中立即响起了鸟儿真正悲痛的鸣叫声——这只鸟儿刚刚落入敌人的脚爪中。它们时不时飞行着，追逐一些鸟儿很长时间。我就曾看见一只灰伯劳在追逐一只鸽子，那可怜的小家伙在即将被追上的时候径直朝地面上甩了下去，脑壳当时就摔伤了；但是下一秒钟，这两只鸟儿都被我捉了起来。

尽管灰伯劳的足部小而弱，它们的脚爪却很锋利，能够在人的手指或手上抓出严重的伤口。它们一旦咬住目标就不会松口，除非你紧握住它们的喉咙。

它们的飞行活动有力量、迅速而且持久；它们的飞行路线是长长的大波浪，每一次升高或下落前都会飞上二三十米远，但除非是为了观察猎物，它们一般不会飞得很高。平常时候，它们仅仅迅速而无声息地飞过低矮灌木丛的树冠，飞上50~100米远的距离。我从来没有见过一只鸟儿在地面上行走或移动过。

我圈养的灰伯劳似乎很喜欢新鲜的牛肉，但是它们直到最后死去也始终保持着呆滞和愠怒的神情。因为我圈养这些鸟儿时是冬季，还找不到甲壳虫的踪影，所以我没有机会观察这种鸟儿是否和鹰隼一样，会吐出它们不能消化的东西。但是我猜测事实应该就是这样子的。在一年四季里，它们常常还会将一些昆虫和小鸡刺进末端尖锐的树枝和荆棘上。它们的这一行为对我来说就像一个谜，我一直没能弄明白它们这样做的原因。

歌莺雀

歌莺雀

鸣禽／雀形目／绿鹃科／绿鹃属

当我在新泽西的卡姆登观察一些莺雀在5月初向北方迁徙的旅程时，我寄宿的街道上有一段长长的林荫道，道路两侧长着高大的箭杆杨。其中一棵箭杆杨几乎碰到了我的窗户。不久前，我在这棵树上发现了这种有趣鸟儿的鸟巢，你能想象我有多高兴吗？

这些鸟儿用了8天的时间筑巢，它们主要在清晨和日暮时分工作。在接下来的5天里，雌鸟每天都产下数量相同的卵。这些鸟卵很小，为十分狭窄的椭圆形，白色，大的一端有稀疏的红黑色斑点。亲鸟轮流坐窝，但是时间不均等。12天后幼鸟出壳了。雄鸟把昆虫带给雌鸟，雌鸟咬碎软化之后又送进幼鸟的嘴里。它们流露出关心和温柔的样子，让我觉得既高兴又新奇。三四天后，雄鸟也开始给它们喂食，而且我觉得每当我放下画笔偷偷看它们的时候，它们都长大了一些。

第15天，大约早上8点的时候，幼鸟们都站到了鸟巢边上，像平常那样接受喂食。接下来的一整天它们都站在那里，直到日落时分才返回巢中。我经常看到亲鸟在它们上方30厘米的地方休息。破壳而出后的第16天，它们开始飞翔，飞上了高处的树枝，看起来出人意料地轻松和自在。之后的一天，它们在小树枝上并排坐着休息，还是同样接受高处的亲鸟的喂食。第二天早上它们飞过街道，来到了距我住处几百米远的梨树园中。我想，法布尔观察他的蜜蜂也没有我在那时候用的精力多，最后我还是满怀遗憾地和它们说了再见。

这一物种的主要食物是黑色的小毛毛虫，在那个季节里街道上的每一棵白杨树上都生了许多这样的虫子。它们沿着树枝横向移动，时不时地在它们的食物对面伸展开翅膀保持平衡，然后咬碎食物。有时候它们侧身栖落在树上，在食物离它们很近的时候才会飞出去捕捉。它们几乎不会飞离树枝太远，总是喜欢留在树枝间。我从来没有见到任何一只歌莺雀会将不消化的食物吐出来。

我观察到它们会时不时保持僵直的姿势立着，以跗跖骨和脚趾的关节为支点左右摇摆身体，我到现在还不能理解它们这一奇异行为的意义。在求偶期间，雄鸟会伸展开它短小的翅膀和尾羽，在雌鸟周围绕着小圈趾高气扬地踏步，同时发出低低的鸣叫，听起来甜美而温和，完全可以比得上一个不错的音乐盒中的音乐。雌鸟大方地接受它的殷勤，而我常常会以为这些鸟儿在这个季节之前就已经爱慕彼此了。

　　雄鸟从早到晚都在歌唱，歌声很甜美、很温柔；音调娴熟而柔和，但是声音很低，因此听上去就像专门为它的配偶歌唱一样，而丝毫不愿意吸引任何竞争者的注意。在这方面，歌莺雀与其他的鸟儿不同，甚至连它们愤怒的鸣声都比较低，不引人注意。雏鸟发出的鸣叫和小老鼠的吱吱声差不多。我唯一一次看到亲鸟被惹怒是当它们发现一只棕色的蜥蜴正在爬上它们所处的树枝时。它们勇敢而狂怒地攻击这只蜥蜴，尽管我没有看到它们真正地抓打这只蜥蜴，但是蜥蜴还是被驱赶走了。

　　歌莺雀的飞行方式是不断地重复温和的滑行，一次最多飞翔100米远。我从来没有在地面上看见过它们。

太平鸟

英文名 Bohemian Waxwing   拉丁文名 Bombycilla garrulus

太平鸟

鸣禽／雀形目／太平鸟科／太平鸟属

  插图中的鸟儿是参考我的朋友新斯科舍皮克图的托马斯·麦克卡尔洛奇给我的两只样本绘制的；1834年的冬天，他又捕获了另外一些太平鸟。这位先生同时还做了下面这段描写，太平鸟对伴侣展示出的深情，读起来应该是十分有趣的：

  "1834年冬天，在新斯科舍，许多种北方的鸟儿都比以往数量更多。显然，这个季节出乎意料的严寒迫使它们来到这里。每一个地方都能见到大群的交嘴雀，而在皮克图的街道上，每一个小时里都有我们两年多没有见到过的燕雀被射杀。我们还常常听说别人见到了一些鸟儿，从他们的表述中我们推断，有些鸟儿是我们从来不曾见过的：

  "新年的第一天出奇温和，我在父亲的陪同下走了出去，希望能收获几只新的鸟儿来丰富我们的收藏。我们还没有走出家门，就看到不远处的树丛上栖落着一小群鸟儿。我们以为那是松雀，于是指引着同行的人走上前去射杀一些样本。他朝着这些鸟儿开了枪，我们走上前去捡起一对这样的鸟儿。一眼看去，我们就知道先前的猜想是错误的，这是一种我们在这一地区没有见过也没有听说过的新物种。我亲爱的先生，你可能也常常经历这样的时刻，因此我相信你能够体会我们当时心中巨大的欢喜。我们看着自己的收获，又焦急地观察着剩下的鸟儿的去向：它们飞进了附近的灌木丛中，一只鸟儿立刻消失不见了，另一只鸟儿站在了一棵云杉的树冠上；在那里它热烈地鸣叫起来，仿佛在通知同伴们它们刚刚躲过的危险。看到这只鸟儿如此机警，我们就绕了个小圈，希望转移它的注意力，同时也希望找到那只消失的鸟儿。我相信这只受了重伤的鸟儿不会飞太远。经过一会儿仔细的搜查后，我终于发现它栖落在一根小树枝上；它对同伴的警告无动于衷，而且蜷缩着身体，因此我认为它已经没有体力再飞起来了。偷偷看过它之后，我们接着转向另一只鸟儿。这只鸟儿仍然像原来那样站在云杉上，不过随着我们的靠近，它似乎变得越来越不安。当猎人小心地穿过茂密的桤木去射击这只鸟儿，我仔细地观察着它。

它显然是十分让人感兴趣的一种鸟儿。它几乎像云杉一样直立着，直立的羽冠高而优雅，翅膀不断地轻轻拍动，似乎随时准备飞走。除了美貌之外，更为有趣的是它对同伴的安危所表现出的焦急。它不断地发出简单而深情有力的鸣叫，听起来让人十分感动。摇动的桤木让它觉察到了危险。在它振翅飞起来，似乎要到高空中开始长途旅行时，我十分焦急。我不甘心就这样放弃，于是眼巴巴地看着它飞翔；但是就在我绝望得想要放弃时，它突然一转身，猛冲了回来，温柔地扫过它的同伴。这只受伤的鸟儿从恍惚中回过神来，再一次尝试飞起来，好躲过眼前致命的灾难。尽管我对这种忠诚和深情的举动既惊讶又感动，但是它们若是这样逃走了，我真的会很失望。所幸，受伤的鸟儿十分虚弱，不得不再次躲进另一片草丛中。而另一只鸟儿仍然忠诚地陪伴着它身陷险境的朋友，再一次飞落在一棵云杉树冠上，从那里看着它的同伴并不断地鸣叫，提醒它危险的靠近。当我们再一次走近时，它似乎更加焦虑，鸣声更大更快；不过在我们还没能开枪时，它再次飞了起来，鸣叫着希望同伴尽所有力气跟上来。飞了一段之后，它再次返身回来，停落在附近的树冠上。这时，我们抓住机会将它射了下来。显然，对同伴的忠诚导致了它的毁灭。

　　"我亲爱的先生，这是我对这种有趣物种的全部观察。而那时候也是它们唯一一次来到我们的视野中。猎人告诉我，在他第一次开枪之前，这些鸟儿并没有鸣叫，也没有意识到危险。几天后，我的父亲看到一只这样的鸟儿不断来到我们花园深处的柳树下，因为不会用枪，他就没有去捕捉这只鸟儿。至于它是不是受伤的那一只，我们无从考证，但是从这种鸟儿深情的品质来看，我们认为它或许就是那只受伤的鸟儿，前来寻找它失去的伙伴。"

斯氏鹨

英文名 | Sprague's Pipit　拉丁文名 | Anthus spragueii

斯氏鹨

鸣禽／雀形目／鹡鸰科／鹨属

这种十分有趣的鹨属鸟类的第一个样本是艾萨克·斯普瑞格先生获得的，他是我的一个同伴。1843年6月19日，在上密苏里州的尤宁堡附近，这只鸟儿被射杀了。

我的朋友爱德华·哈里斯多次在地面上寻找这些鸟儿，因为那些美妙的鸣叫声似乎就是从它们通常栖息的草原上发出来的；但是在草原上寻找了很多地方之后，我们终于抬起头来向天空中看去，在那儿有一些这样的美丽生物正在孜孜不倦地歌唱；它们翱翔的高度让我们很难发现它们就在那里。

在地面上时，它们跑动起来非常漂亮，有时候它们会蹲坐着观察入侵者的动作，有时候也会直起身子面对追逐者。在捕获了许多只这样的鸟儿之后，我们开始为能否发现它们的鸟巢而着急。斯普瑞格先生很快解除了我们这一担忧，他为我们带来了一个装有5枚鸟卵的鸟巢；之后，我们还捕获了几只羽翼已经长齐的幼鸟。

刚从地面上起飞时，它们大幅度振翅，路线起起伏伏，这样几乎保证了它们不会在飞行中被射杀。它们继续这样做，绕着越来越大的圈不断地盘旋，直到升至将近100米高的空中才开始歌唱，一次能够连续鸣唱15～20分钟，然后它们就会突然收拢翅膀，滑行到下面的草原上。我们追逐了不久之后就发现，当我们坐在小货车里的时候，靠近它们会更加容易。在几次追寻之后，我们都收获了一些样本。

这一物种的巢穴通常建在地面上，有些建在地面以下。巢穴的材料全部是柔软的青草，被摆放成圆形，没有任何内衬。

鸟卵通常有4～5枚，卵壳光滑而且密布着细小的斑点，整体有灰紫色的光泽，幼鸟孵化后会跟随着亲鸟在地面上跑动，食用较小的青草种子，渐渐地也会吃一些昆虫等。8月16日，在我们离开尤宁堡之前，8～12只稀疏的小群斯氏鹨已经聚集了起来，而一些这样的鸟儿以及许多其他的鸟类物种早已经开始向南方迁徙了。

BIRDS OF AMERICA
VOLUME III
SCANSORES

卷 三

攀 禽

美洲夜鹰

英文名 | *Common Nighthawk*　拉丁文名 | *Chordeiles minor*

美洲夜鹰

攀禽 / 夜鹰目 / 夜鹰科 / 美洲夜鹰属

美洲夜鹰的名字与它性情中的最大特点并不相符,因为白天的大部分时间里,这些鸟儿常常会在人们的视野中飞翔,甚至在天气晴朗、万里无云、艳阳高照的时候也是如此。我们还同样知道,美洲夜鹰会在黄昏之后不久就飞去休息,而在这时候卡罗琳夜鹰和三声夜鹰洪亮的鸣叫声正在它们所在的地方回响。这两种夜鹰才是夜行性的鸟类。

大约4月1日前后,美洲夜鹰会出现在路易斯安那州低洼的地区,它们仍然会继续向东飞去。它们从中部各州返回的时间会根据季节中气温的变化而变化,大约从8月15日开始,直到10月末。

它们的迁徙会覆盖范围很广的地区,因此我们或许会认为这些鸟儿是想飞遍整个国家的大部分地区,从密西西比河河口到落基山脉,从南方直到我们的东部边境线以外。于是它们就在整个西部和东部各州,从南卡罗来纳州到缅因州繁殖并且分散开来。在这些时候,可以看见它们在我们的城市和乡村上空飞翔,停落在装点我们街道的树木上,甚至烟囱顶上,并且在这些地方叽叽喳喳地尖声鸣叫着,让观察它们的人又惊讶又欢喜。

美洲夜鹰的飞行方式平稳、轻盈而且又十分持久。在暗淡多云的天气里,它们整天都在飞行,而且比任何其他时候都要更加吵闹。飞行时翅膀的动作格外优雅,它们的雀跃嬉戏使其飞行活动看起来更加有趣。夜鹰划过天空,姿态十分轻盈,时不时无规律地匆匆振翅,或不断地盘升,或在高空中翱翔,仿佛它们看见猎物、追逐猎物并且抓住猎物都完全出于偶然。如此,它们前进的飞行得以继续,或是继续向上飞翔,盘旋而上,在每一次突然振翅时发出响亮尖锐的鸣声;或是垂直向下,转而向右又向左,或高或低,在前行中从大河、湖泊或大西洋海岸表面上匆匆掠过,接着又在森林或山顶间悠闲地飞来飞去。在求偶季节里,它们的飞行方式尤其有趣;雄鸟可以说完全是在飞行中追求自己心仪的伴侣,仿佛在空气中趾高气扬地阔步行走,优雅自在地做出一连串回旋动作。我熟悉的鸟儿中没有哪一种的求偶舞蹈能与夜鹰媲美。

有时候,几只雄鸟会同时向同一只雌鸟献殷勤,这些求爱者们在天空中从不同的方向迅速下潜的场景奇妙又好玩。比赛很快就结束了,雌鸟一旦做出它的选择,被选中的雄鸟就会开始驱赶它的竞争者们,将它们从自己的领地上驱逐出去,接着又兴高采烈地返回,在空中不断下潜雀跃,不过明显没有那么卖力了,也不会太靠近地面。

这些鸟儿几乎不能在地面上行走,因为它们的身形较小,而腿部的位置又特别靠后。因为这些原因,它们根本无法站直,休息时往往胸脯着地,或者倚靠着一棵树的枝干,因此它们栖在树上时也是侧身而坐的。然而,它们可以轻松地飞落,蹲坐在枝干或者栅栏上,有时也会停落在屋顶或粮仓上。在所有这些时候,它们都能很容易地被人靠近。当它们落在篱笆或者矮墙上的时候,我曾经走到离它们一两米的地方。在那些时候,它们会瞪着柔和的大眼睛看着我,神情与其说像一个敌人,倒不如说像个朋友一样。不过一旦察觉到我有任何值得怀疑的动作,它们就会立刻飞走。

在路易斯安那州,这一物种被法国移民的后裔们叫作"会飞的蟾蜍",而在弗吉尼亚州,它们则被叫作"蝙蝠";但是人们最常用的名字还是"夜鹰"。优美而迅速的动作让这种鸟儿成了几乎所有猎人喜欢捕猎的目标;而且美洲夜鹰的肉也不怎么难吃。秋季飞回南方的时候,它们的肉往往已经长得肥嫩多汁,因此在这时数千只美洲夜鹰会被捕杀。

美洲夜鹰会产下2枚卵。它们对于产卵地的选择实在不怎么讲究。这些卵几乎呈椭圆形,上面有许多斑点。有些卵产在了裸露的地面上,有些产在农耕地的田埂上,还有一些甚至产在裸露的岩石上。有时候它们还会将卵产在树林外围裸露或空旷的土地上,但是从来不会在树林深处产卵。美洲夜鹰从来不会筑巢,也不会做一点像刨土挖坑类的准备。幼鸟在一段时间里身上覆盖着柔软的绒毛,绒毛的颜色为暗棕色,是一种很好的保护色。要是雌鸟在孵卵期间受到了打扰,它就会试图逃走,会装瘸、扑棱翅膀、挣扎,直到它确定你忽略了它的卵或幼鸟。接着它就会飞走,直到你走了它才会回来。不过,要是隐藏得好,即使你离它们的卵只有不到一米的地方，你也很难发现它。在孵卵期间，雌鸟和雄鸟会轮流坐窝。幼鸟长到一定大小后，不再需要从它们的亲鸟那里获取太多的温暖，此时亲鸟通常会来到邻近的地方，安静地落在某个篱笆、栅栏或树上。在那里它们一直很安静而且纹丝不动，要发现它们还真不是一件容易的事。

　　美洲夜鹰的食物只包括各种昆虫，尤其是甲虫，不过它们也会捕捉蛾子和毛毛虫，而且还是捕捉蟋蟀和蝗虫的行家。当它们在低空中迅速飞行时，有时也会吃许多这样的食物。在贴近水面飞行的时候，它们还会时不时地喝一点儿水，饮水的方式与燕子相似。

烟囱雨燕

英文名｜*Chimney Swift*　拉丁文名｜*Chaetura pelagica*

烟囱雨燕

攀禽／雨燕目／雨燕科／硬尾雨燕属

随着社会文明的发展，人们为这些烟囱雨燕安装了数以千计的人造巢穴，这些巢穴不仅可以防暴风雨，还可以防蛇和四足动物。于是它们智慧地分析利弊，果断地抛弃了原来在树洞中的巢穴，而占据了这些在夏季不会冒烟的人类烟囱。毫无疑问，它们是因为这样的原因才得到了这样广为人知的名字。但它们似乎对树木中的树洞和我们城市中的烟囱同样满意。高大的美国梧桐内部已经空了，只剩薄薄的一层树皮和表层支撑着，此时似乎最适合它们居住。高大的梧桐因为腐烂形成了天然的避风港，于是烟囱雨燕春季和夏季会在那里繁殖，接着又在那里休息过夜，直到它们离开。

烟囱雨燕的巢穴无论是建在树上还是烟囱上，都是用一些干燥的小树枝来建造的。这些鸟儿获得小树枝的方法十分奇异：在飞翔时，大群的烟囱雨燕会绕着某棵枯木或死树旋转，似乎在追逐它们的昆虫猎物。在这些时候，它们的行动十分迅速：它们突然让自己的身体撞向树枝，用它们的脚爪抓住树枝，迅速地猛拉，突然折断树枝，然后带着它飞去自己的筑巢地。军舰鸟有时候也会使用相同的手法来达到类似的目的，不过它们是用鸟喙而不是脚爪带着树枝飞走。

烟囱雨燕将第一批树枝用自己的唾液粘在木材、岩石或烟囱的墙壁上，将它们排成半圆形，互相交叉交织着，使结构向外延伸。接着它们用唾液将全部树枝粘起来，树枝周围布满了2.5厘米或更多的唾液，粘合得十分牢固。如果这巢穴建在了烟囱中，巢穴通常位于东侧，离烟囱口有1.5～2.4米；而在树洞中时，巢穴的位置或高或低，都是为了它们自己方便，而且这时候大群烟囱雨燕往往会一起筑巢孵卵，过着群居生活。这些建筑物通常十分脆弱，要么是亲鸟和幼鸟的体重过大，要么是因为突然而至的大雨，总之它随时有可能会垮掉，整个建筑重重地摔在地面上。鸟卵有4～6枚，为纯白色。烟囱雨燕在一个繁殖季节里会繁殖2次。

在我刚刚到达肯塔基州的路易斯维尔时，我与已故的、好客而和蔼的威廉姆·克洛根少校以及他的家人相识。有一天在谈论鸟儿的事情时，他问我是否见过那些雨燕应该在其中过冬但事实上仅仅飞进去过夜的树木。在我做了肯定的回答之后，他又告诉我，在我回镇上的路上有一棵树，在这棵树上面过夜的鸟儿不计其数，而且他还将这棵树的具体位置告诉了我。我发现那是一棵美国梧桐，几乎已经没了枝干，有18～21米高，基部直径有2.1～2.4米，而12米以上的树干直径也有1.5米，从主干上伸出的折断的中空断枝直径也有0.6米。这里就是烟囱雨燕飞进去休息的地方。在仔细观察了这棵大树之后，我发现它很坚固，但是接近树根的部分都是中空的。当时是7月份，下午4点钟左右。雨燕在路易斯维尔的杰弗逊维尔和周围的山林上空飞翔，但是没有一只雨燕靠近这棵大树。我先回了家，不久又步行返了回去。太阳落到了银山之下，暮色十分美丽。成千上万只雨燕在我头顶上的低空中飞翔，三四只雨燕一起急急飞入树洞中，就像蜜蜂急着回巢一样。我在那里待了很久，将头靠在树干上，听着这些鸟儿忙着安顿下来时翅膀发出的呼啸声。直到天完全黑下来，我才离开这个地方，但是我相信还会有更多的鸟儿飞来过夜。

我立即想到了检查这棵大树内部结构的计划。第二天，我与一位狩猎的同伴一起去做了这件事。带着所能找到的最长的藤条，我拽着绳子爬上了树，最后安然无恙地轻松坐在了断枝上。不过我的努力还是白费了，因为我从树洞口看不见任何东西。大约有4.6米长的藤条伸进树洞中，却没有碰到任何东西。我爬了下来，疲惫，而且失望不已。

接下来，我雇了一个人，让他在大树的基部砍出了一个洞。树皮连同木材只有两米多厚，斧子很快就让树洞内部暴露得一览无余：先是一堆乱蓬蓬的残骸，腐烂的羽毛成了霉哄哄的一堆，不过我还是在其中找到了昆虫的残骸和羽茎。我在这一堆乱糟糟的东西中清理出了一条将近1.8米的通道。这项工作花费了我大量的时间，而且以我的经验，若是鸟儿们注意到了下面的洞，它们就会抛弃这棵树，于是我又仔细地将这个洞口掩藏好。雨燕还像往常一样在夜晚飞回这里，后来的连续几天我都没有去打扰它们。最终，我带着一盏暗灯和我的同伴在夜里9点钟左右的时候来到这里，下定决心要看一眼大树内部的全景。我们小心谨慎地打开了洞口。我从残骸的边缘爬了上去，朋友跟在后面。万籁俱寂。我慢慢地将灯光一点一点地照向头顶的树洞两侧，这时候我们看见雨燕肩并肩紧贴在一起，将全部表面都覆盖了起来。但是我没有看到一只鸟在另一只之上的景象。

现在，让我们来估算一下这棵大树里住着的雨燕数量。从这堆腐烂的羽毛和残骸开始，直到上部的入口，两者之间的空间高有7.6米，宽有4.5米。假设这棵树的平均直径有1.5米，那么就有大约18.9平方米的表面；假设每只鸟儿会占据7厘米×3厘米的空间，从它们排列的方式来看，这个空间远远足够了。那么每平方米就有476只鸟儿。因此栖息在这一棵树上的鸟儿数量为9000只。

我日复一日地观察着这棵树。在8月13日，不足二三百只鸟儿来到这里栖息。在同一个月的18日，我没有看见一只鸟儿靠近这棵大树，只有少数落单的鸟儿从其上经过，但是它们似乎在向南方飞去。在9月里一个晚上，我走进了这棵树的树洞中，但是其中一只鸟儿也没有。2月份的时候我又去了一次，那时候气温极其低。当我心满意足地确定这些雨燕已经离开了我们的国家之后，我便再也没去看它。

白腹鱼狗

英文名 | Belted Kingfisher　　拉丁文名 | Megaceryle alcyon

白腹鱼狗

攀禽／佛法僧目／翠鸟科／大鱼狗属

白腹鱼狗！好心的读者，若是我有给一些众所周知的事物取名字的习惯，你一定会看到我给这种鸟儿取了"美国翠鸟"这个更适合的名字。不过白腹鱼狗也取自它们的标志性特点。

这一物种是路易斯安那州、密西西比州、阿肯色州和北卡罗来纳州以南的所有地区的常见鸟类。它们会沿着我们内陆的大河迁徙，飞越整个美国。所有我到访过的地区都是它们的繁殖地，不过在严寒的冬季，许多地方的白腹鱼狗会飞到南方去。

白腹鱼狗的飞行速度极快，而且在需要时可以持久飞行；有时能够飞得很远，不过这时通常飞得很高。要是我们北方的某一条河流完全冰封了，它们就不会贴近河面飞行。在河流不能为它们提供食物的时候，它们就选择在高大树木的上空飞行，而且会根据河流的情况选择有利的捷径，这样它们很快就来到了气候温和的地方。要是它们厌倦了某一个池塘中的鱼儿，它们也会径直穿过森林飞向另一个池塘，常常要在内陆飞上30～40千米远。在飞行时，它们总是振翅五六次，接着直线滑行，路线没有明显的起伏——在贴近水面飞行时也是如此。

要是在这样的短途旅行中碰巧遇到一片小池塘，它们会突然停下来，像美洲隼那样在空中悬着，观察水下是否有可口的鱼儿。若是发现了目标，它们就会螺旋着钻入水中捕获鱼儿，然后飞到最近的树木或树桩上很快地吞掉猎物。

美国分布着数量众多的河流和小溪，在合适的季节里这些地方都会有大量不同的鱼儿，而它们的鱼苗就成了白腹鱼狗的食物。它们跟随着逆流而上的鱼儿来到这些小溪流的源头；我们常常可以听见白腹鱼狗生硬快速的嘎嘎鸣叫。甚至当高大的山脉上冲下来嗡嗡作响的瀑布时，它们的鸣声依然掩盖不住。要是这些鸟儿出现在这样幽静的环境中，那么垂钓者就可以确定这里一定有大量的鲑鱼。磨坊储水池也是白腹鱼狗喜欢去的地方，这里的水面平静，它们能更轻松地发现猎物。这些鸟儿常常在离水磨坊不远的地面或者沙子上挖坑产卵。

我看到过一些这样的洞穴，它们所处的环境和土壤都不相同，但是大体的样子还是相似的。雌鸟和雄鸟选定了地点后，就会依附在水流边开始工作。它们长而粗壮的鸟喙是很好的工具；在洞穴达到一定深度时，其中一只鸟儿就会钻进去，用脚爪刨出沙子、土壤或黏土，同时用鸟喙继续向下挖。另一只鸟儿似乎就当起了啦啦队，不断地鼓励下面的鸟儿继续努力。一只鸟儿疲惫了，另一只鸟儿就会接替它继续工作。在它们的努力下，这个洞穴深度可达1.2～1.5米，有时候也有1.8米，而洞穴在地面下的水平直径有时候不足0.46米，有时候则有2.4～3米。我曾在密西西比河上见到一些洞穴，深15米以上。这个洞穴入口刚刚能够容纳一只鸟儿进出。洞穴底部圆润，就像一个泥灶，可以让两只亲鸟和全部幼鸟在其中轻松地转身。洞穴内简单地铺设着一些树枝和羽毛，鸟卵通常有6枚，为纯白色。孵化期为16天。在中部各州，这些鸟儿几乎总是一年繁殖1次，但是在南方各州则通常会繁殖2窝幼鸟。雌雄亲鸟都会坐窝，而且都十分关心幼鸟的安全。雌鸟有时会落到水面上，仿佛受了重伤一样振翅挣扎，装作飞不起来以吸引入侵者追逐它，而它的配偶则会栖落在附近的树干上，或者站在水边，翘起尾羽，直立羽冠，发出愤怒的鸣叫声，然后飞起来，在敌人的周围飞来飞去，持续不断的鸣声中充满了绝望。

我不能确定幼鸟接受的食物是否是亲鸟软化过的，但是我有理由这样认为：我总是观察到亲鸟将捕获的鱼吞下去后才返回巢中，然而不久之后幼鸟又会直接进食完整的鱼儿；而且我常常看到它们跟随在亲鸟身后，飞落到同一根树枝上，拍打着翅膀，并且张开鸟喙，乞求着刚刚出水的食物，而它们的这一愿望也几乎不会被拒绝。

白腹鱼狗连续多年在同一个洞穴中繁殖休息。有一次在深夜里，我试图捕捉一只这样的鸟儿，但失败了。我将一只小网兜装在洞穴的入口处，然后回了家。第二天早上我发现这些鸟儿在网兜下挖出了一条道，然后逃生了。第二天傍晚我看见这只鸟儿进了洞。我用一根树枝堵住了洞穴上面0.3米的地方，觉得一定能捉到它了；但是第二天在我到达那里之前，它还是成功地逃走了。之后，我就放弃了这个想法，不过这只鸟儿还是继续在那里过夜。

象牙嘴啄木鸟

英文名 *Ivory-billed Woodpecker* 拉丁文名 *Campephilus principalis*

象牙嘴啄木鸟

攀禽 / 鹨形目 / 啄木鸟科 / 红头啄木鸟属

　　我总是在想，美丽的象牙嘴啄木鸟的羽毛有某些成分是和伟大的范戴克的色彩风格紧密贴合的。身体和尾羽上大片光亮的黑色，翅膀、颈部和鸟喙上大而精致的白色斑纹，雄鸟富丽的深红色羽冠以及璀璨的黄色眼睛，都能让我想起那位难以效仿的艺术家范戴克笔下最醒目、最高贵的作品。随着我对象牙嘴啄木鸟的了解越来越多，这样的想法在我心中也变得越来越强烈；每当我看见一只这样的鸟儿从一棵树飞到另一棵树上，我就会在心中惊叫道："又是一位范戴克！"好心的读者，这样的想法或许在您看来奇怪又可笑；当您看到插图中这种耀眼的生物时，不知道您又做何感想？

　　在俄亥俄河上旅行时，我们在这条河流与密西西比河的汇合处第一次见到了这种鸟儿；之后我们追随着密西西比河蜿蜒的流水，无论是在顺流而下去往海洋的旅行中，还是在沿着逆流去往密苏里河的行程中，我们都能看到它们。在大西洋海岸边，北卡罗来纳州或许应该被看作是它们分布地的边界之一，不过一些鸟儿也时不时地出现在马里兰州。在密西西比河以西，无数溪流边缘茂密的森林中栖息着许多这样的鸟儿。这些溪流在落基山脉的山麓汇聚成了壮观的大河。然而，卡罗来纳州的下部、乔治亚州、亚拉巴马州、路易斯安那州和密西西比州才是这种鸟儿最喜欢的栖息地；它们长期栖息在这些地区，从四处可见的幽深阴郁的沼泽中获得充沛的食物，繁殖并度过平静快乐的一生。

　　这种鸟儿的飞行姿态极为优雅，不过很少一次飞上几百米远，除非需要飞过一条大河。那时候它们的飞行路线起伏极大，起初翅膀完全伸展，接着完全收拢以获得更大的推动力。若仅仅在两棵大树之间，哪怕距离超过100米，它们也仅仅振翅一次滑翔过去，仿佛荡了一次美丽的秋千。这时候它们的羽毛最为漂亮。除了在求偶季节，飞行中它们不会发出任何声音，在其他时候，只要这些鸟儿一落下，它们卓越的歌声就会响起来。没有哪一次跳跃或者攀爬不是伴随着这悦耳的歌声的。

它们的音符响亮而清澈，但也极为哀伤。或许人们在800米外就能听到它们的歌儿。我常常觉得它们的歌声一直在我耳边，因此猜想它们一天中停下来休息的时间只有几分钟而已。这种情况增加了它们被捕杀的危险——它们成为印第安人和白人猎人的目标不是因为它们破坏树木，而仅仅是因为它们是漂亮的鸟儿。它们的头皮以及连接上颌的部分是印第安人喜欢的装饰品。

象牙嘴啄木鸟在早春繁殖，比同家族的鸟儿都要早。3月初的一天，我看见它们在钻洞筑巢。我认为它们总是在一棵活树很高的地方钻洞，这棵树通常是梣树或朴树。它们对巢穴所在的环境和位置都很关心：第一，因为它们喜欢安静；第二，在大雨滂沱的时候，它们还要保证巢穴中不会进水。因此洞穴常常位于大树枝之下的树干上。凿洞的时候，首先是横向钻几十厘米，然后垂直向下，并不是一些人想象中那样的螺旋方式。在不同环境中，这个洞穴的深度也不同，有时不足25厘米，有时又将近91厘米。我想这些差异是基于雌鸟产卵的需要而产生的，有时又想：也许啄木鸟的年龄越大，树洞就越深。我所观察过的洞口，平均直径大约有17.8厘米，不过圆形的洞口通常仅允许一只鸟儿进出。

两只鸟儿轮流开凿巢穴，一只鸟儿工作时，另一只会在一旁加油鼓劲。我曾在啄木鸟工作时来到大树下，将耳朵贴近树皮，可以清楚地听到它们的每一下敲击。有两只忙碌的啄木鸟看到了我在树下，便永远地放弃了这个地方。第一窝卵通常有6枚，产在洞中的木屑上，为纯白色。幼鸟在离巢前两周就能爬到洞口。第二窝卵要在8月15日才第一次露面。

在肯塔基州和印第安纳州，象牙嘴啄木鸟每年一般只繁殖1次。幼鸟最初和雌鸟相似，只是缺少羽冠。然而它们生长迅速，在秋初时候，身形就已经和它们的母亲身形相近了，尤其是第一窝幼鸟。雄性幼鸟的头部开始出现淡淡的红色线条，直到第二年春天，美丽的羽毛才长齐，而它们的身体也要在第二年才完全成熟。事实上，即使在那时，这些新长成的雄鸟还是与年龄更大的鸟儿有明显的区别。

它们的食物主要包括甲壳虫、幼虫和较大的蠕虫。森林中的葡萄成熟的时候，这些鸟儿也会飞来大快朵颐。我曾经看见一只这样的鸟儿，脚爪抓住葡萄藤倒挂着，欢乐地吞吃一串葡萄。柿子树和朴树果子成熟的时候也是它们的狂欢节。

它们从来不会到地面附近，总是在高高的树上。然而，若是发现了一大截枯树，啄木鸟就会不断地攻击这棵树，直到几天后它轰然倒下。我曾经在森林中见到一些这样的老树，它们已经被挖空了，摇摇晃晃的树干似乎仅仅在环绕树根的木屑作用下勉强站立着。这种啄木鸟的力量如此之大，我看见在它鸟喙的重重一击下，一块17厘米左右长的树皮被剥离了下来。它忙碌地剥掉枯树的树皮，精确地使用着自己的鸟喙和身体，准确地发现虫子在树皮下的藏身位置；与此同时它还大声地歌唱着，似乎极为兴奋。

幼鸟离巢后，这一物种总是成双成对出入。雌鸟最为聒噪，也最不胆怯。它们的爱情，我认为是持续一生的。除了挖洞筑巢，它们几乎不会破坏活树。在获取食物时，它们也仅仅将躲藏在树皮下的虫子啄取出来，而不会伤害到树木本身。

北美黑啄木鸟

英文名 Pileated Woodpecker 拉丁文名 Dryocopus pileatus

北美黑啄木鸟

攀禽／鴷形目／啄木鸟科／黑啄木鸟属

要让我说在我们广袤的土地上哪里看不到这种坚强的森林居民，还真是一件不容易的事。尽管现在人们为了满足美食家的味蕾或是装饰博物学家的橱柜而捕杀了大量的鸟儿，许多的物种已经变得很罕见，但是在每一片荒蛮的山林中依然能看到黑啄木鸟。不过它们性情胆怯，几乎不会出现在有人居住的地方。

黑啄木鸟出现的地方就是它们的永久居住地；和它们的亲戚——象牙喙啄木鸟一样，在离巢后，它们会留在所选的栖息地上。黑啄木鸟是一种胆怯的鸟儿，十分难以让人靠近，除非在树木的掩护下，或者在它忙着日常工作的时候意外来到它附近。当出现在一些仍然生长着一些树皮被剥掉的树木的新开辟的田野上时，它们就会在树木之间飞来飞去，发出笑声一样的咯咯声，似乎在引导着你去追逐它们所发现的极大快乐。发现被跟踪时，黑啄木鸟会飞到树冠上，躲藏在枝叶间悄悄地移动，安静地观察着你；它们似乎很了解你的枪能够射多远，几乎从不会让你有机会扣动扳机。常常，当你在想"再走一步就射击"的时候，它已展翅飞了起来。

在我常提起的宾夕法尼亚州的大松林时，我惊讶地发现，这些鸟儿在不同的树上寻找虫子时，它们对树皮的开凿方法是不一样的。比如，铁杉和云杉的树皮很难剥离，它就侧向使用鸟喙，倾斜着锤击树皮，不停地沿着密集的平行线条敲击。不久后，这块树皮就离开树干了，从侧面轻轻一敲，它就掉了下来；树干表面看上去就像木工用圆凿仔细凿过一样。黑啄木鸟常常用这样的方法将森林中最高大树木的整个树皮剥落下来。对于其他的木材，它则采取直接捶打的方式，几下就能让大块的树皮掉下来，留下的树干很光滑，丝毫没有受到鸟喙的破坏。

黑啄木鸟喜欢印第安玉米、栗子、橡子、各种水果（尤其是野葡萄），还喜欢各种各样的昆虫。它们喜欢吃鲜嫩多汁的玉米，会像松鼠那样吃光所有的玉米粒。因此它们招来了农民们的报复，这些农民们总是准备好了捕杀这些鸟儿。

这种闻名世界的鸟儿飞行活动强劲持久。它们的鸣声大而清晰，而且它们敲击树木的声音在400米外就能听到。它们几乎总是在森林深处繁殖，常常选择深深的沼泽旁滨水的树木。它们更喜欢树干朝向南边的一侧，在这样的位置我常常能发现它们的洞穴。这些洞穴有时是垂直的，有时与象牙喙啄木鸟的洞穴相似。在冬天和雨天的时候它们会飞来这里避难。常见的洞穴深30～45厘米，宽6.3～7.6厘米，底部有时有12～15厘米。我认为这些鸟儿一年仅繁殖一次。幼鸟在离巢之后还会跟随在亲鸟身边，接受亲鸟的喂食，直到第二年春天。这些鸟儿喜欢在夜晚回到洞穴中，在冬季更是如此。我年轻的朋友、缅因州的托马斯·林肯先生知道一窝鸟儿即使在最寒冷的天气里也不会离开它们的洞穴。

多年的观察经验让我确信，所有啄木鸟的鸟喙在刚刚成熟时都是最长的，在使用过程中慢慢变短，而且也变得更坚硬、强壮而且尖锐。刚离巢的啄木鸟鸟喙容易弯曲；6个月后，它才不能被手指的力量弄弯；当鸟儿1岁大时，它的器官才获得永久的硬度。在测量了幼鸟和成年鸟儿的鸟喙长度后，我发现前者要比后者长一些，也柔软一些。幼鸟也似乎意识到了自己的不足，因此会选择容易一点的环境去觅食。

红头啄木鸟

英文名 | Red-headed Woodpecker   拉丁文名 | Melanerpes erythrocephalus

红头啄木鸟

攀禽 / 鹃形目 / 啄木鸟科 / 食果啄木鸟属

善良的读者们，红头啄木鸟是一种在美国很有名的鸟；要是您在美国的山林中走过一次，我相信我就没有太多的信息可以为您补充了。

许多红头啄木鸟在南方过冬并且在那里繁殖，因此可以被看作是美国的本地物种。然而，仍有许多鸟儿会飞去南方的国家。它们在8月中旬出发，迁徙活动一般在晚上进行，会持续1个月或6个星期。那时它们在树木上方的高空中飞翔，队伍疏离，像遣散了的部队；在每一次起伏之前，它们会不断地振翅。此时它们的鸣声不同寻常，尖利，在地面上就能很容易地听到，纵然我们可能根本看不见它们。鸣声持久，似乎是为了保证没有鸟儿掉队。在黎明时候，它们一起落到种植园中的枯树树冠上，直到日落前都在那里寻找食物。夜幕降临之后它们才一只接一只地再次启程。

除了小嘲鸫，我没有见过哪一个物种能像它们一样活泼爱闹。事实上，它们生活得很快乐。它们飞到哪里都能找到充沛的食物、筑巢材料和休息环境。它们的一点点劳动也是快乐的来源之一，因为它们只要动一动，就一定能获得最鲜美的食物，或者为自己、自己的卵和家人挖掘一个舒服的家。它们几乎不怕人，不过人已经是它们最危险的敌人了。当飞落在路边的篱笆桩上或田野中，有人向它走近时，它们会不断地向一边挪去，时不时地看一看你的意图。当你走到它对面时，它会躺下来保持不动，直到你走过去的一刻，它才会呼地跳到树桩上，发出咯咯声，仿佛在为自己的机智赢得了胜利而喝彩。人们常常能走到离它只有一个手臂远的地方，这时，它会飞到下一个木桩上，低下头来偷看你，并且再次歌唱，仿佛在邀请你继续和它玩这个有趣的游戏。它飞落在屋顶上，蹦蹦跳跳，敲击着木瓦，发出一声鸣叫，接着飞进你的花园中去啄食最成熟的草莓。

我不建议任何人把自家的水果大胆地放在红头啄木鸟眼前，因为它们不仅吃掉许多成熟的水果，还会肆意破坏。樱桃刚刚红的时候，它们纷纷从四面八方飞来，很快就把这样的果子吃了个干净，似乎从来没有想过果树的主人也愿意吃一点。它们飞落到这里，品尝第一颗樱桃，发出一声鸣叫，翘起尾羽，点点头，然后立即吞吃起来。有时候它们也会带着一两颗樱桃飞回鸟巢中去喂养幼鸟。尽管我要不情愿地补充——它们也会对鲜玉米和老玉米造成同样的破坏，但我并不是急于指责它们，因此这些罪犯还拥有许多无法否认的珍贵品质。

人们极少能发现一个新的啄木鸟巢穴，因为大多数啄木鸟仅仅加深一下去年的洞穴就心满意足了。这些洞穴不仅出现在每一棵枯树上，人们甚至会在同一棵树的树干上发现十几个洞穴，有的刚刚凿了一点，有的已经进行了一半，还有一些已经可以使用了。它们之所以放弃这些未完成的巢穴，是因为树木太过坚硬，它们凿起来太艰难。于是它们就重新选择地点了。这一物种很少会在活树上钻洞，但是我想不起来还有什么其他物种也有这样的习惯。

所有的啄木鸟都能准确地找到树皮下的昆虫。它飞落下来，花几分钟纹丝不动地聆听。要是它在树皮上没有观察到任何动静，接着就会突然用鸟喙重击树皮，然后低下头贴上去仔细听——任何一点蠕动的声音都会将食物的位置暴露——于是它立即劳动起来，很快就吃到了食物。这种鸟儿吞下去的昆虫难以计数，这算是稍稍弥补了它们在花园中和田野里犯下的过错。

在路易斯安那州和肯塔基州，红头啄木鸟一年繁殖2次；在中部各州，大多数鸟儿都只仅繁殖1次。雌鸟产下2～6枚卵，壳为白色，半透明。它们的巢穴有时离地面不足1.8米，在其他时候却又极高。幼鸟的上半边脑袋起初为灰色，在秋天到来时就慢慢呈现出红色。在第一个冬天，它们身上的红色羽毛混杂着许多灰色羽毛；而在春天到来时，雌鸟和雄鸟之间就几乎没有差异了。

在肯塔基州和南方各州，许多红头啄木鸟被捕杀。一旦红头啄木鸟开始觊觎一棵樱桃树或苹果树，人们就在树干边竖起一根长木杆；它要比最高的树枝还高出1～2米。啄木鸟喜欢飞落在长木杆上，当它落上去后，人们就站在木杆末端用斧头突然重击鸟儿对面的一侧，接着这只鸟儿往往会在突然的剧烈振动下摔出去跌死。

北扑翅䴕

英文名 *Northern Flicker*   拉丁文名 *Colaptes auratus*

北扑翅䴕

攀禽 / 䴕形目 / 啄木鸟科 / 扑翅䴕属

人们常说与活泼快乐的人做伴是一件令人愉快的事。因此，没有什么能比森林中啄木鸟的生活更加幸福了。善良的读者们，为了向您证明这一点，我要向您完整地叙述北扑翅䴕的生活习性。

北扑翅䴕是我们这里最活跃的鸟类之一，栖息地遍布整个美国。在春天刚刚到来，呼唤它们去完成新一年的繁殖工作时，它们就在高大的枯树树冠上鸣唱起来，那歌声不算难听，仿佛在热情地欢迎这个美好的季节。几只雄鸟会同时追逐一只雌鸟，来到它身边证明它们真正的爱情和力量：点点头，伸展尾羽，向一侧、向后或向前移动，做出许多滑稽动作，像要吸引任何看见它们的人——只要他的脾气不是十分孤僻，就会前来一起开怀地笑。

雄鸟之间不会打斗，似乎也不会嫉妒，在雌鸟对某一个候选人表现出明显的偏爱时，其他的鸟儿就会飞走，接着寻找另外一只雌鸟。这样一对对鸟儿很快就都喜结连理了。它们立即找到合适的树干，凿出大小合适的洞穴。它们都十分努力而快乐地工作。在一只鸟儿用鸟喙将木屑一点一点送到空中时，另一只鸟儿就在一边为它唱歌加油。这时候雄鸟的鸣声中总是充满了无限的温柔。当这项工作完成后，它们就飞上枝头，在那里互相轻抚着，快乐地在枝丫间攀爬嬉戏，在枯树枝头发出咯咯声，追逐着它们的表亲——红头啄木鸟，又公然地挑衅拟八哥。它们会吃大量的蚂蚁、甲壳虫和虫卵，不时地发出细碎的鸣声。2个星期的时间就这样愉快地过去了，雌鸟产下4~6枚卵。若说多子多福的话，那么这样的啄木鸟真的很幸福，因为它们每年会产2次卵；因此在美国，这样的鸟儿数量极为丰富。

在圈养时，它活泼的性格也不会消沉。它会好好吃，好好玩，一天之内摧毁的家具需要各种工匠花两天时间才能修好。事实上，我们广阔的山林中没有哪一个物种比北扑翅䴕更加活泼欢乐了。它们的栖息地分布广泛，而且凡是在它们出现的地方一定有它们爱吃的食物。

黄嘴美洲鹃

黄嘴美洲鹃

攀禽／鹃形目／杜鹃科／美洲鹃属

　　黄嘴美洲鹃在树林中、田野或河流上飞行时迅速、无声而且沿水平路线飞行，在树木的枝丫间穿过时也不会停留。穿过枝丫时，它们常常需要侧过或翻过身体来，让整个上体表或下体表交替着呈现在我们的眼前。在向南迁徙时，它们在高空中飞翔，队伍十分疏离，仿佛是一只追着一只，而不是互相做伴。3月初，大量黄嘴美洲鹃一只接一只飞过我们的南部边境线，雄鸟先到来，一周后雌鸟也姗姗而来。它们不会排成直线飞行，而是拥有庞大的先头部队，就像快速前行的汽船一样，一天可以飞行161千米。在同一天里，我在密西西比河上许多不同的地方看到了正在河流上空飞翔的黄嘴美洲鹃。在这一季节，它们飞去最幽暗的森林深处，在那里发出粗哑难听的鸣叫声。它们的鸣声与小牛蛙的叫声有些相似。

　　黄嘴美洲鹃会掠夺小型鸟类的卵，利用一切时机吸食鸟卵，但是它们却胆怯懦弱，不够机警，因此常常落入几种鹰隼的铁爪中，其中灰背隼是它们最危险的敌人。它们喜欢在南方各州栖息，在天气十分温和的冬天，它们也会出现在路易斯安那州，一些鸟儿也会留下来——似乎没有向南方迁徙的必要。

　　无论在哪里，这种鸟儿的数量都不算丰富，但是它们会出现在最北方地区。我在马萨诸塞州的低洼地和潮湿地带，还有密西西比河和阿肯色河上空以及这些地区之间的各州，都见过这种鸟儿。5月初以后它们才会在纽约州露面，在格林湾则要到5月中旬。一对对鸟儿似乎占据着各自的一片领地，并在其中安宁富足地养育下一代。它们捕食昆虫，比如毛毛虫和蝴蝶，以及许多种浆果，对桑葚子尤其偏爱。秋天它们会吃大量的葡萄；当它们飞到葡萄藤前时，会偶尔拍动伸展的翅膀悬停在那里，选择最成熟的一枚葡萄后，衔在嘴里飞到树枝上悠然地进食。它们不断重复这样的活动，直到填饱肚子。它们时不时还会飞到地面上，捡食蜗牛或甲壳虫。它们行走的样子十分笨拙，会像马儿那样行走或者向侧面蹦跳着前进，因为短小的腿迫使它们不得不这样做。它们不会栖落在任何显眼的地方，而总是躲藏在最茂密的枝叶间悄悄鸣叫，直到秋末。

　　鸟巢简单、扁平，是用一些干树枝和青草建成，外形与常见的鸽巢很相似。这些鸟巢建在水平的树枝上，常常在人能碰到的高度，但人们几乎不会这么做。对于筑巢的地点以及树木的性质，它们几乎不加选择。鸟卵有4~5枚，为细长的椭圆形，亮绿色。除非鸟卵被破坏，它们在一个季节里仅繁殖1次。幼鸟在头几周几乎完全依靠亲鸟喂食。到了秋天，它们已经长得很肥胖，正是食用的最好时候，但是除了路易斯安那州的克里奥尔人，很少有人会将它们射杀送上餐桌。

　　我发现许多黄嘴美洲鹃在得克萨斯州繁殖；而在新斯科舍，甚至拉布拉多地区，仅有少数这样的鸟儿。汤森先生在哥伦比亚河上看到了这一物种。许多鸟儿在佛罗里达最南部地区过冬。在平静愉快的夜晚，这种鸟儿熟悉的鸣声常常会落进孤独的露营人的耳朵里。一年冬天，我居住在佛罗里达的时候，常常能听到这种单调的鸣声。

黑嘴美洲鹃

英文名 | Black-billed Cuckoo　拉丁文名 | Coccyzus erythrophthalmus

黑嘴美洲鹃

攀禽／鹃形目／杜鹃科／美洲鹃属

我在路易斯安那州仅仅见过黑嘴美洲鹃五六次；西部各州中也只有在俄亥俄州能偶尔看到一只偏离航线的黑嘴美洲鹃。它们常常会飞去海边的山林地。3月初，它们启程向南方飞去，经过佛罗里达、佐治亚和大西洋海岸上的各州，到达北卡罗来纳休憩繁殖，并将它们的行程延伸到缅因州。

这一物种的飞行速度比它的近亲黄嘴美洲鹃更快。它们不常来到山林深处，而仅仅出现在山林边缘、小溪边和潮湿的地方。然而这两种鸟儿最大的区别是：黑嘴美洲鹃除了主要吃昆虫和水果以外，还会捕食淡水贝类和水生幼虫。因此它们常常出现在水边，或者攀爬到垂下的枝条末端来捕捉水中的昆虫。

这一物种对巢穴所在地的选择与其他鸟儿相似；巢穴是用相同的材料筑成，毫无艺术性可言。雌鸟产4～6枚卵，为蓝绿色，两端几乎一样大，但是要比黄嘴美洲鹃的卵小很多。它们比黄嘴美洲鹃早整整2个星期离开北方。

黑嘴美洲鹃在所有南方各州都比较罕见。我的朋友巴克曼博士从来没有在南卡罗来纳州的海岸地区见到过它们；我也没有在佐治亚的任何地方观察到黑嘴美洲鹃。不过，据首先发现这一物种的威尔逊说，佐治亚的阿伯特先生在那里发现了这种鸟儿，而且也很清楚它们与黄嘴美洲鹃的区别。我在得克萨斯州见过这种鸟儿，冬天也在佛罗里达南部的中央地区见过一些。在新斯科舍和纽芬兰它们也算常见；拉布拉多地区，在距离海岸几千米的隐秘山谷中的低矮树丛里，我也见到过少数黑嘴美洲鹃。它们似乎不会飞去皮毛之国或者落基山脉，因为理查森博士和汤森先生都没有提到过这一点。

BIRDS OF AMERICA
VOLUME IV
TERRESTORES

卷 四

陆 禽

斑尾鸽

斑尾鸽

陆禽／鸽形目／鸠鸽科／新大陆鸽属

朗上校在去往落基山脉时捕获了一只这种大而帅气的斑尾鸽。这只鸟儿后来被绘成插图，出现在了威尔逊《美国鸟类》的附录中。我的插图中是两只成年鸟儿，我博学的朋友托马斯·纳托尔先生在去往太平洋海岸时发现了它们。下文是汤森先生记录的有关这种鸟儿的有趣知识：

"斑尾鸽出现在落基山脉西部山麓和哥伦比亚河之间的地区，在后一地区数量尤其丰富。1836年4月17日，数量极大的斑尾鸽来到这里，大群鸟儿在同一地区繁殖。它们的繁殖地通常在河岸边。它们不建鸟巢，而是将鸟卵产在小灌木下的地面上，鸟卵有2枚，为黄白色，有时接近蓝白色，大的一端有白色的小斑点。在同一片灌木丛中可以看到许多这样的卵。这些鸽子食用黑接骨木的浆果和胶杨的嫩芽。栖落在树上时，它们会十分亲密地挤在一起，因此用鸟枪一枪就可以射杀多只鸟儿。"

纳托尔先生也赠予了我一段同样有趣的笔记："这种大而美丽的鸽子总是成群活动。在俄勒冈州，它们仅仅栖息在哥伦比亚河和威拉米特河流经的茂密山林里；而夏季，在威拉米特河的冲积树林中，它们的数量更丰富。在那里，整个夏天都能听到它们的咕咕声，看到成群鸟儿拥挤着吞食接骨木和山茱萸的浆果。在这些果实成熟前，种芽和胶杨的嫩芽则是它们的主要食物。斑尾鸽主要在清晨和傍晚鸣唱，每次能持续1～2个小时。据说它们在地面上或者低矮的灌木丛中产卵，但是我没有找到鸟巢。不过，我每天都能在瓦特帕图岛附近看到这种鸟儿觅食。它们总在一起，无论是在山茱萸还是在接骨木上；受惊后它们也会像家鸽一样飞起来，但很快又会飞回原地觅食。在进食时，它们保持安静，对于入侵者十分警惕。它们几乎一整年都留在哥伦比亚河下游；在10月份和11月份它们主要以山茱萸的浆果为食，不过在恶劣冬季来到时，它们似乎也会稍稍向南方迁徙一段距离。"

普通地鸠

英文名 | *Common Ground-dove*　拉丁文名 | *Columbina passerina*

普通地鸠

陆禽 / 鸽形目 / 鸠鸽科 / 地鸠属

从下路易斯安那州到哈特勒斯角，以及佛罗里达的大部分海岸上，都可以看到这种有趣的鸟儿。

普通地鸠在低空中轻松地飞行，受惊逃走时，会扇动翅膀发出呼啸的声音。除了蓝头鹌鹑，普通地鸠的飞行距离要比其他任何一种我熟悉的美国鸟类更短，几乎不会超过100米远，而且事实上，它们对于自己的栖息地总是情有独钟。你可以把它们驱赶到一片田野的另一端，可是几个小时后它们仍然会飞回来。尽管它们会飞落在树枝或低矮灌木上，但是地面才是它们最常活动的地方。在地面上，它们十分灵敏地跑动，尾羽几乎完全直立着，仿佛怕被粘上泥土一样。它们也喜欢停落在篱笆上，一次能鸣唱半个小时之久。

普通地鸠通常四五只一起活动，多的时候也不会超过12只。它们喜欢长着稀疏青草的沙质玉米田、豌豆田和相似的地方。它们会在东佛罗里达的村庄中出现，在橘树林中繁殖。在著名的圣奥古斯丁西班牙堡的内院中，我常常惊讶地看着它们几乎垂直地飞起来，落到护墙上躲避危险。用捕鸟陷阱就可以将它们轻松地捕获。这些鸟儿很容易被驯化，而且性情温和。我曾见到一对这样的鸟儿，在它们的幼鸟还很小的时候，它们被一起捕获了。被放进鸟舍中后，它们很快就将自己的幼鸟保护起来，并且养育这些幼鸟，直到其羽翼丰满。后来，它们在同一个鸟巢中繁殖了第二窝幼鸟。

这一物种的巢穴尺寸相对于这种鸟儿来说足够大，而且结构紧凑。鸟巢外侧用干树枝建成，而内巢的青草则被排成了环形。鸟巢常建在低矮的灌木或树篱中，以及橘树林中的树木上。4月初，雌鸟产下2枚纯白的卵，有时也会有3枚；通常它们在一年中繁殖2次。

普通地鸠食物包括草种子和各种浆果，还会吞咽大量沙砾来帮助自己研磨消化食物。它们非常喜欢在沙地里用尘土来清洁自己，会长时间躺在尘土中。

旅鸽

英文名 *Passenger Pigeon* 拉丁文名 *Ectopistes migratorius*

旅鸽

陆禽 / 鸽形目 / 鸠鸽科 / 旅鸽属

旅鸽在美国常常被叫作"野鸽",它们快速地振翅,并且能根据需要调整翅膀摆动的幅度,可以产生很大的推动力,因此飞行十分迅速。和家鸽一样,在求偶季节它们常常绕圈飞行,翅膀抬高,与身体呈锐角,支撑着自己,直到在将要落下的时候才收起翅膀。在此时,它们翅膀初级飞羽的羽尖会相互碰撞,发出尖锐的摩擦声,在三四十米外就能听到这种声音。在落下来前,它们会不断地振翅打破惯性的冲击力,防止突然在树枝或地面上落下时受伤。

旅鸽完全是为了食物而不是为了躲避严寒和筑巢而迁徙的。因此它们一年当中什么时候在哪里出现都没有很大的规律性。事实上,若是一个地区食物充沛,几年里它们或许都不会去别的地方。我清楚地知道,它们在肯塔基州连续度过了几年,而且那段时间里在其他地方都看不到它们的踪影。等到果实耗尽了的时候,它们又突然集体消失了,很长时间没有再回来。其他的州也发现了相似的情况。

强大的飞行能力确保它们可以在极短的时间里搜索完一片十分广阔的田野。大量旅鸽在纽约地区被捕杀,它们的嗉囊中塞满了从佐治亚和卡罗来纳州的田野中捡食的粮食颗粒。这两个州不仅能提供这样的食物,而且也是离它们最近的。它们的消化能力很强,可以在12小时内分解完所有的食物,因此它们一定是在6个小时里飞行了480~640千米,也就是平均每分钟1.6千米左右。以这样的速度,它们不用3天就可以来到欧洲大陆。

与飞行能力相伴的是非常卓越的视力。在快速飞行时,它们能够"检阅"下面的土地,灵敏地发现心仪的食物,因为毕竟这才是它们飞行活动的根本目的。我观察到,当旅鸽飞过一片食物稀少的田野时,它们会保持高空飞翔,以便能很快地搜索完几平方千米的土地。相反,要是一个地区的地面上或树上有丰沛的食物,它们会飞得很低,以便吃到更多的食物。

它们的身形细长,呈椭圆状,尾羽长而精致,羽毛整齐紧凑,肌肉强健。当它们在山林中滑翔、离观察者很近时，它们会以人类思考的速度迅速划过人的身旁。当你的目光追出去时，它们却早已经消失不见了。我们山林中的野鸽子数量惊人。

1813年秋，我离开在俄亥俄河岸上的亨德森的家，去往路易斯维尔。在离哈登斯伯格几千米的荒漠中，我看到了大群旅鸽正从东北方飞往西南方，那规模是我先前从未见过的。我想数一下1小时内有多少群旅鸽从自己视野中飞过，于是下马在一个高处坐下，拿出笔来开始记录，每一群鸟儿飞过时我就点一个圆点儿。很快我就意识到，这根本是一个不可能完成的任务：一群群鸟儿蜂拥飞过，让我眼花。这时候我站起来数了数所做的记录，20分钟内我一共画了163个圆点儿。

这时候的旅鸽是每一个猎人猎杀的目标，但是我以为，除非我们的森林面积不断变小，否则这一物种不会灭绝。

这一物种的繁殖时间几乎不受季节的影响，它们选择的繁殖地一定离水源较近，而且有着充足的食物。它们在森林里高大的树木上筑巢。这期间，雄鸟举止浮夸，无论在地面上还是树枝上，总是伸展着尾羽，垂下翅膀，一直跟在雌鸟身后。它的身体抬起，喉咙鼓起，眼睛放光，在追逐中依然保持着温柔的歌声。接着，雌鸟和雄鸟很快就和谐安宁地在一起筑巢了。巢穴建在枝丫间，材料是干树枝。在一棵树上常常可以看到50～100个巢穴。鸟卵有2枚，为宽阔的椭圆形，纯白色。在繁殖期间，雄鸟为雌鸟提供食物。事实上，这种鸟儿对彼此表现出的温柔和深情是十分动人的。而惊人的是，两只幼鸟通常是一雄一雌。幼鸟在6个月末的时候就能够开始繁殖新一代了。

火鸡

英文名 *Wild Turkey*　拉丁文名 *Meleagris gallopavo*

火鸡

陆禽／鸡形目／雉科／火鸡属

火鸡是一种大而美丽的鸟儿，它的肉质鲜美，驯化后的鸟儿现在已经普遍地分布在两个大陆上，因此这种人类的珍贵食物是美国本地最有趣的鸟类之一。俄亥俄州、肯塔基州、伊利诺伊州和印第安纳州无人居住的地方以及这些地区西北部广阔的乡野，密西西比河和密苏里河以及从这两条河流的汇流处到路易斯安那州的土地，还有阿肯色州、田纳西州和亚拉巴马州的山林地区，都是野火鸡的栖息地。

火鸡的迁徙没有规律性，也并不总是群居。但是它们的每一次迁徙都是为了寻找更多成熟的果实。一群接一群的野火鸡来到有大量果实成熟的地方，这样它们原先的驻留地逐渐被抛弃，而新的地方开始充满这种美丽的生物。

大约10月初，任何种子和果实都还没有从树上落下来，这些鸟儿就聚集起来，逐渐向俄亥俄河和密西西比河肥沃的低洼地上迁徙。雄鸟与雌鸟分开，10～100只一起觅食；而雌鸟则往往单独迁徙，有时候一只雌鸟也会带着自己的一窝幼鸟一起迁徙。另外，七八十只幼鸟还会聚集起来，用心躲避老年雄火鸡。因为即使幼鸟长到一定大小，这些雄鸟们也常常会在它们的脑袋上反复敲打，伤害它们。所有的鸟儿都沿着地面上的同一条迁徙路线前进，只有在河流或者猎狗出现的时候，它们才会展翅飞起来。在遭遇大河时，它们会飞到高处栖落下来，并且常常留在那里一两天，仿佛在讨论行动方案。这时候，雄鸟会咯咯叫，也会大声鸣叫，很是忙乱地踱着步子，仿佛在给自己加油鼓气来面对这种紧急事件。甚至连雌鸟和幼鸟也会做出同样浮夸的举动，展开尾羽，绕着彼此转圈，大声地咕噜叫，做出卖弄的跳跃。最后，在天气稳定下来、四周一切寂静的时候，头鸟一声令下，整个队伍向对面的河岸飞去。成熟和胖壮的鸟儿很容易就完成了任务，哪怕河流能有1.6千米宽。幼鸟和瘦弱一些的鸟儿常常会掉进水中，不过并不会被淹死。它们将翅膀收拢到身体两侧，尾羽展开作为支撑，气定神闲地伸出腿，迅速向河岸靠近；若是河岸太陡峭不方便着陆，它们就会落在水面上，随着流水来到一个适合的地方，然后奋力一跃从水面上脱身。上到河岸之后,它们会四处漫步,仿佛对这片新的土地不知所措。这样一来,它们就很容易成为猎人的猎物。

11月中旬,各个年龄和性别的鸟儿聚集成一小群,吞吃着丰富的果实。经过这样的长途旅行,它们有时会变得十分温和,会来到农舍前与家禽混在一起,走进畜栏和玉米仓中寻找食物。它们就这样度过了一个秋季和半个冬季。

次年,早在2月中旬,它们就表现出繁殖迹象了。雌鸟离开了雄鸟。雄鸟跟在后面坚持不懈地追逐,开始咯咯叫或者发出欢喜的鸣声,竖起伸展开的尾羽,昂起脑袋,颤动着压低翅膀,浮夸地大步踱起来。这些时候,雄鸟之间常常会发生恶战,强壮的雄鸟在较弱的对手头上狠狠地反复敲击;这样的斗争常常以流血死亡来收尾。在雄鸟成功地打败敌人后,它会再次来到胆小的雌鸟身边,轻轻地咕咕叫着安抚她,直到被她接受。

在4月中旬,天气干燥,雌鸟开始寻找产卵地。这个地方要隐蔽,才能防止乌鸦前来毁掉它们的鸟卵。巢穴一般建在干燥的地面上;它们在木材的一侧或者长满了枯叶的、倒在地上的树冠旁的地面上挖出一个浅坑,接着用一些枯叶堆起简陋的巢穴。鸟卵为暗淡的奶油色,有红色的斑点;雌鸟一次产卵10~15枚,有时也能达到20枚。在产卵时,雌鸟总是沿着不同的路线来到它的巢穴中,很少会在一条路上走两遍;在准备离开时,又会用树叶小心地将巢穴掩藏起来;因此,除了鸟儿被从巢穴中惊起,或者狡猾的山猫、狐狸、乌鸦吸食了鸟卵并将卵壳留在原处,人们一般很难发现这些巢穴。

在幼鸟即将孵化出壳时,雌鸟无论如何也不会抛弃它们,哪怕面临被包围囚禁的危险。我曾经目睹了一窝幼鸟的孵化过程:雌鸟半曲着腿焦急地查看自己的卵,发出在这些时候独有的鸣声,细心地照料着刚刚出世的幼鸟,小心地清理掉被幼鸟抛弃的壳。几分钟后,幼鸟一只接一只纷纷破壳而出,跟跄,翻滚,互相推撞着来到了这个世界。雌鸟惧怕雨天,因为雨水对幼鸟十分危险,它们柔软的绒毛根本起不到保护作用。一旦淋了雨,幼鸟就很难幸存下来。在多雨的天气里,为了保护幼鸟,雌鸟会像一名技艺高超的医生一样,把山胡椒的嫩芽啄来喂给它的孩子们。

大约两个星期后,栖息在地面上的幼鸟就能够飞起来了。它们在夜里来到低矮的大树干上,躲在细心的亲鸟弯起的翅膀下,因此幼鸟就被分成了相同数量的两队。白天它们离开山林，来到草地或草原上寻找草莓、露莓、黑莓和蚱蜢，在喂饱自己后悠然地晒着太阳。它们通过在废弃的蚂蚁巢穴上打滚来清洁羽毛，驱逐走其中的扁虱和其他寄生虫。这些寄生虫忍受不了蚂蚁生活过的土壤的气味。

火鸡幼鸟生长迅速，到了8月份就已经能够在狼、狐狸、山猫甚至美洲豹的突然袭击下快速飞起来保全自己。它们的腿部力量很大，可以轻松地飞到高大树木最高的枝干上。大约在这时候，雄性幼鸟的胸部长出羽饰，并且开始咕咕叫着踱步，而雌性幼鸟则咕噜咕噜叫着跳跃。

成熟的雄鸟在这时也被集合了起来，或许所有火鸡很快就会离开西北部地区，向沃巴什河、伊利诺伊河、黑河和伊利湖地区迁徙。

披肩榛鸡

英文名 | *Ruffed Grouse*　　拉丁文名 | *Bonasa umbellus*

披肩榛鸡

陆禽／鸡形目／雉科／榛鸡属

除了火鸡,披肩榛鸡是陆禽中肉质最鲜美的鸟儿。我们东部的美食家们十分喜欢草原松鸡的肉,但是从我丰富的经验来看,披肩榛鸡还要更好一些。

尽管披肩榛鸡终年栖息在它们常常出现的地区,但是在秋季到来时它们也会做短途旅行。8～10只,有时候也有12～15只披肩榛鸡一起来到俄亥俄河岸边,会在河岸边的树林中徘徊一两周,似乎在担忧飞过河流可能会遇到的危险。然而,最后它们还是下定决心要飞过河流;不过当它们飞起来时,似乎轻易就来到了河对岸,我从来没有见过一只鸟儿在这时掉入水中。两三天以后,这些鸟儿就都到了河流对岸,接着它们立即来到森林深处寻找适合自己生活的环境。直到春天以前,它们都在这里栖息。

披肩榛鸡径直向前飞行,通常飞行高度很低,而且一次飞行几乎不会超过几百米。它们的飞行姿态僵硬,一半以上的飞行时间都在振翅,其间滑翔的方式就像船只乘风航行一样。这种鸟儿受了惊吓从地上飞起来时,翅膀会发出响亮的呼呼声。在其他情况下,鸟儿飞起来并不会发出这样的声音;事实上,我不认为任何一种松鸡在不受惊被迫飞起来时会发出这种声音。我常常躺在山林或田野中几个小时,单纯为了观察不同鸟儿的运动特点和习性,常常会看到不远处的松鸡或鹧鸪像其他鸟儿一样,轻柔而安静地飞起来,不会发出一点声音。

这种鸟儿很大一部分时间是在地面上度过的,而它们在地面上的动作也极为优雅。行走时,它们高抬步子,步伐坚定,美丽的尾羽轻柔地展开,高扬着脑袋,头上的羽毛以及颈部天鹅绒般的绒毛也时不时竖起。它们会一次单足站立几十秒,发出轻柔的咕咕叫,仿佛在炫耀美丽的羽毛。要是这些鸟儿发觉有人在观察它们,就会立即低下脑袋,将尾羽展得更宽,然后小跑起来;要是附近没有地方可以躲藏,它们就会立即飞起来,同时发出巨大的呼呼声,仿佛在告诉猎人:一旦它们飞起来,就丝毫不会惧怕他们了。要是附近有一小片灌木丛,甚至哪怕是一堆枯叶,它们都会突然停在那里,蹲坐下来,一动不动,直到危险过去或者被逼得再次逃亡。

早春时候,这些鸟儿常常会吃各种树木的嫩芽;这一季节也是最容易捕获披肩榛鸡的时候。5月初,雌鸟回到山林深处的某个灌木丛中筑巢。巢穴建在倒地的枯树一旁或低矮灌木下面的土地上,旁边往往有一堆风吹起的枯叶。鸟巢是用枯叶和草本植物建成的,雌鸟产下5~12枚卵,卵壳为干净的淡黄色。雌鸟在离巢前从不会将鸟巢掩藏起来,因此乌鸦常常瞅准时机来吃掉这些鸟卵。雌鸟在的时候往往会顽强抵抗,像老母鸡那样用翅膀和脚爪打击敌人。

幼鸟破壳后立即就能跟着它们的母亲四处跑动。6~7天大甚至更小的时候,它们一次就能飞几米远。雌鸟带着它们寻找食物,夜晚将它们揽在翅膀下;稍有危险靠近,雌鸟就会表现出巨大的母爱,将敌人的所有注意力都吸引到自己身上——装瘸,跟跄摇晃,仿佛受了伤。它常常用这样的伎俩成功帮助幼鸟脱离险境。幼鸟在母亲的一声警告下会立即蹲伏下来。而这时小群雄鸟一起生活着,直到冬季来临才会与雌鸟和幼鸟混在一起。夏季,这些鸟儿喜欢到路边用尘土给自己洗个澡,也会捡食一些沙砾。

除了人以外,这些鸟儿还有许多天敌:各种鹰隼会要了它们的性命。臭鼬、浣熊、负鼠和狐狸都会对它们造成致命伤害。其中一些敌人不仅会吸食它们的卵,常常还会吃掉它们。

柳雷鸟

英文名 *Willow Grouse*　拉丁文名 *Lagopus lagopus*

柳雷鸟

陆禽／鸡形目／雉科／雷鸟属

尽管我没有在美国境内见过这种美丽的鸟儿，但是我确定它们栖息在缅因州和五大湖的北部地区。一天，缅因州登尼斯维的西奥多·林肯先生在离这个村庄不远的地方射杀了7只柳雷鸟。我接触的猎人也向我保证说他知道在哪里能找到柳雷鸟。

雌鸟坐窝孵卵时，雄鸟总是在巢穴附近陪伴着它们，直到幼鸟离巢。每当我们看见这样的鸟儿时，都会被这相亲相爱的一家子所感动。意外来到它们的巢穴前时，亲鸟会立即勇敢地朝我们飞过来；在我们打伤了它们的翅膀时，它们又会举着皱褶的翅膀痛苦愤怒地四处飞动。同时幼鸟四处逃窜，迅速钻进深深的苔藓和交错的植物间，贴近地面蹲伏起来，很难让人发现。这是我知道的美国松鸡科鸟类中唯一一种有这种习性的鸟儿；其他物种的雄鸟不仅在孵卵工作一开始就离开巢穴，还会催促幼鸟在很小的时候也这么做。我们发现的柳雷鸟群中不仅有成熟的雌雄鸟儿，还有大大小小的幼鸟。这一物种成熟后很少飞落在灌木或者树上，而几乎总是在泥沼上的裸露岩石间生活。

柳雷鸟的飞行方式迅速，持久，有规律。它们既使受了惊，翅膀拍动时也不会发出扑扑声。我们发现，孤零零的一对鸟儿在人出现时会表现得很紧张，飞上很远一段路，从一片山岭落到另一片山岭。要是去追它们，它们就会站直身体，大胆地看着我们靠近；当我们来到几百米以内时，它们就快步从裸露的岩石间跑进苔藓中，蹲伏下来，贴近地面一动不动，除非被人碰巧踩到。因为它们的飞行路线很有规律，所以若是飞起来，很容易就会被射杀。从起飞到飞上7~9米远的过程中，它们会快速重复嘹亮的鸣声。

6月初，柳雷鸟在拉布拉多地区繁殖。雌鸟将巢穴藏在低矮的冷杉树盘曲的枝干下。巢穴用干树枝和苔藓编织而成。鸟卵有5~14枚，上面有不规则的红棕色斑点。它们一年只繁殖1次。

BIRDS OF AMERICA
VOLUME V
GRALLATORES

卷 五

涉 禽

紫青水鸡

英文名 *Purple Gallinule*　拉丁文名 *Porphyrio martinicus*

紫青水鸡

涉禽／鹤形目／秧鸡科／青水鸡属

读者，或许您会觉得奇怪，但是我必须诚实地说，当我默默坐在拥挤的房间一角，看紫青水鸡在宽大的荷叶上摆动着尾羽快活忙碌时，我的心头涌起了无限的喜悦。

紫青水鸡在美国是留鸟，不过它们仅仅栖息在南方地区。夏季，紫青水鸡和它们的幼鸟会来到水湾或湖泊边缘的草地或大草原上，在茂密高大的青草间度过整个夏天。9月初，植被渐渐干枯，已经无法为它们提供很好的庇护和足够的食物。于是幼鸟会率先离开这里，这时它们的羽毛仍然还是绿色的。在春天即将回归前，它们才会长出紫红色的羽毛。这些时候，它们常常会鸣叫，与在繁殖期相似。

冬天到来，它们回到河湾湖泊上，也变得谨慎胆怯起来。这时候它们几乎不会再短距离迁徙，若是不得不那么做，也会选择在晚上迁徙；不过在最隐秘的地方，白天它们也会在陆地上和水上觅食。

紫青水鸡每年很早就开始繁殖。我曾经在2月份看到过绒毛漆黑的幼鸟。亲鸟有时会为了保护幼鸟而牺牲自己。这一阶段它们会整夜整夜地鸣叫，白天听到音乐或不同寻常的声音时，它们也会鸣唱起来。鸟卵有5~7枚，为浅灰黄色，有黑棕色斑点。雏鸟最初为黑色，有绒毛。在6月初，它们的羽翼就已经丰满了。

紫青水鸡跑动迅速，潜水敏捷，在水下游动时常常只将鸟喙伸出水面。它们可以轻松地在水面浮动的植物上走动，甚至不会在水面上留下可见的波纹。在可靠的环境下游动时，它们的姿态轻盈优雅，每推动一次脚爪就会甩动一次脑袋。它们在高空中做长距离飞行，飞行路线平直，不断振翅，速度很快；但是在平常时候，它们的飞行速度并不比黑水鸡和田鸡更快。

只有在求偶阶段，人们才有可能同时射杀两只并肩走动或游动的紫青水鸡。它们还常常飞落在航行于海上的船上。4月26日在加尔维斯顿岛，我获得了几只在船上被捕获的紫青水鸡。

美洲骨顶

英文名 | *American Coot*　　拉丁文名 | *Fulica americana*

美洲骨顶

涉禽／鹤形目／秧鸡科／骨顶属

从11月直到次年4月中旬，在佛罗里达群岛南部和路易斯安那州下部，骨顶的数量极为丰富。在这一季节，几百只骨顶常常一起出没在这些地方多见的隐秘水湾和草木茂盛的湖泊上。但是这个季节过后，这些鸟儿就集体离开了，显然它们并不在这里繁殖。

尽管奇怪的脚爪形状和腿部位置会让人以为它们无法轻松地在陆地上走动，但是事实证明不是这样的。在地面上，它们不仅可以自由地走动，甚至在需要的时候还能迅速奔跑。它们也常常在清晨和日暮时分离开水上，来到开阔的陆地上觅食。

1832年年初，我在到访圣约翰河的发源地时，也观察到了大群骨顶，它们已经向北方迁徙。它们突然变得胆怯，在离我们的船头一百米外就会轻松地起飞，队伍稀疏地飞到高空中，一次飞上800米左右，不会发出一声鸣叫。这些鸟儿发出的鸣叫粗糙沙哑。只有在受惊或者在水上愤怒地互相追逐时，它们才会鸣叫。

我从来没有见过这种鸟儿潜水，在我解剖的众多骨顶胃部，我仅仅发现了一些极小的小鱼饵和鱼苗。我想，它们是在河流边缘的浅滩上捕捉到这些食物的。除非受了伤，一般情况下这些鸟儿并不情愿藏进水中；这些鸟儿远没有那些潜鸟灵活，仓皇逃命时往往会被击中。受伤后，它们会潜入水中，在水下游动一段距离；但是一旦来到水草或芦苇丛中，它们就会钻出水面，并在水上游动——来到最近的河岸上后，它们又会立即躲藏到隐蔽的地方。在不受打扰的情况下，白天和黑夜它们都会到陆地和水上觅食。它们的食物包括种子、青草、小鱼、蠕虫、蜗牛和昆虫，同时还会吞下许多粗砂来帮助消化。

这一物种主要繁殖地我目前还不了解。查尔斯顿的人们认为骨顶在那一地区繁殖；但是我的朋友巴克曼在适当的季节里寻找它们的巢穴时，发现黑水鸡被人们当作了骨顶。我博学的朋友纳托尔曾提到，他在波士顿附近的淡水池看到过一对繁殖期的鸟儿和它们的幼鸟。

长嘴秧鸡

英文名 | *Clapper Rail*　　拉丁文名 | *Rallus longirostris*

长嘴秧鸡

涉禽／鹤形目／秧鸡科／秧鸡属

长嘴秧鸡完全栖息在大西洋地区、岛屿和其间的海峡，以及海岸上的盐碱滩上，几乎不会出现在内陆和淡水水域上。只有在满潮时，这些可怜的鸟儿才会为躲避风暴的残害而暂时离开。这时候，这些鸟儿似乎因惊吓过度而变得恍惚起来。它们离开南方，在4月中旬来到新泽西州，在10月初又回到南方各州，与幼鸟一起留在那里过冬。它们在夜间悄无声息地迁徙；但是一旦到达目的地，它们就开始大声鸣叫宣告自己的到来，鸣声中显然充满了喜悦。

我在新泽西州、南卡罗来纳州和佛罗里达所有它们繁殖的海岸地区观察了它们的习性。从3月初到4月份，长嘴秧鸡的鸣声一直回荡在盐碱滩上。无论白天还是黑夜，它们都会有极为急促嘹亮的歌声，每一曲歌儿在结尾处都变得低沉悠扬。这种鸟儿似乎掌握了腹语的技巧，实际在几百米之外，声音却常常像从你周围的青草上发出来似的。在这一阶段，雄鸟十分好斗，在每一只雄鸟选定自己的伴侣前，打斗常常发生。巢穴很大，建在高水位线以上的茂密植物中，主要材料是沼泽植物。筑巢材料被编织进水草中，防止巢穴被意外的高潮涌冲走。然而有时候还是有一些鸟卵连同许多坐窝的鸟儿一起被带走毁掉了，这些亲鸟常常为了保护自己的幼鸟或鸟卵而被淹死。鸟巢内部很深，鸟卵就像在一个大碗或漏斗底部。鸟卵有8～15枚，为浅黄色，散布着稀疏的淡焦茶色和紫色斑点。孵化期为14天。不受打扰时，长嘴秧鸡一年仅繁殖1次；但是它们的卵被认为是美味的食物，因此常常被拿走。鸟巢上部是敞开的，因此很容易被发现，不过有时高高的芦苇也能将它们掩藏起来。在鸟儿坐窝时，靠近它们并不容易；不过，仿佛明白了你的意图似的，它会安静地溜走，蜷缩在不远处的草丛中。等你走后，它发现自己的卵被偷走了，就会悲痛地大声鸣叫起来，它的伴侣也会马上加入到哀鸣的队伍中。然而几天后，它们又产下更多卵，不过我认为它们再也不会使用原来的鸟巢了。长嘴秧鸡可以说是群居的物种，但它们的巢穴之间往往有1.5～3米的距离。

在退潮时,它们会来到海滩上寻找小蟹、灯芯草上的一种海水蜗牛、小鱼、水生昆虫和植物。当潮水涌起时,它们慢慢回退,隐藏到岸边,等待着潮水再次退下去。整个白天它们都会忙着寻找食物,当它们躲藏在青草间时,低低盘旋的大型禽鸟(尤其是白尾鹞)常常会突然袭击。这时候,长嘴秧鸡会飞到几米高的空中,用鸟喙和脚爪猛烈地攻击进犯者,接着潜回草丛中,而大失所望的猛禽常常不得不以最快的速度飞走。但是如果它们的敌人是红尾鵟和红肩鵟,它们就没有那么幸运了。这些敌人会突然从高空中猛扑下来,让它们根本没有反抗的机会。水貂、浣熊和野猫都在夜间谋杀了许多长嘴秧鸡,还有许多鸟儿被海龟和大型鱼类吞掉了。不过它们最危险的敌人还是人类。

长嘴秧鸡在水中可以轻松地游动,不过速度不快,姿态也不算优雅。游动时,它们的头颈向前,脚爪击水,仿佛不情愿一次游太远;它们颈部的动作与紫水鸡相似。它们能熟练地下潜,并在水下停留很长一段时间,这样常常可以躲过敌人的追逐,但是它们并不能像人们认为的那样牢牢地留在水底。被逼急了的时候,它们才会潜入水中,鸟喙依然露出水面呼吸,并长时间保持这样的姿势。若是依旧被敌人发现和追逐,它们会在翅膀的帮助下快速下潜,并且很快在安全的地方浮出水面。在被迫飞起来时,它们的速度很慢,飞行路线平直,腿放松地垂下来;在这些时候它们一次飞不远,常常落进它们所发现的第一丛茂密植物中,因此很容易就会被熟练的猎人射杀。然而在迁徙时,它们飞得很低,身体最大幅度地伸展开,不断地拍击翅膀,迅速地飞过沼泽地或水面。

幼鸟起初身着黑色的绒毛,在冬季到来前就长齐了羽毛;这之后,它们的身子还会不断长大,但是羽毛几乎没有变化。在南部各州,尤其在冬季,它们被认为是很好的食物,因此大量长嘴秧鸡被捕杀并拿到市场上出售。

美洲鹤

美洲鹤

涉禽 / 鹤形目 / 鹤科 / 鹤属

斑驳的树林预示着10月将要挥手告别,站在缤纷的秋景中,你一定能听到快速飞过的美洲鹤从高空中传来的鸣声,但却看不见它们的身影。突然,乌云消散,它们出现在眼前。它们逐渐下降,整理着队形,即将着陆。颈项伸长,身体修长消瘦,翅膀雪白,羽尖漆黑;来到大草原上空,它们先是盘旋,然后缓慢地落了下来,翅膀半收拢着,脚爪伸开,接触地面后又跑了几步来消除掉冲击力。

美洲鹤在10月中旬或11月初来到西部地区,每个鸟群中有二三十只鸟儿,有时也有这个数量的两三倍之多;幼鸟独自迁徙,但是它们的亲鸟紧随其后。它们来到卡罗来纳州的南部海岸、佛罗里达、路易斯安那州以及墨西哥附近的地区,并在这里度过冬季;直到次年的4月中旬甚至5月初,它们才会飞回北方。它们栖息在植物茂密的大湖泊沿岸、平原或大草原、沼泽树林和广阔的沼泽地上。只要气温足够高,内陆和沿海地区同样适合它们生存。在白天和夜晚,它们都会迁徙,我常常在夜晚听到、在白天看到它们朝着目的地飞去。无论天气如何,风似乎不会影响它们的飞行能力。不仅如此,我曾经看到过它们极为熟练地改变着路线在狂风中前行。它们的队伍有时候排成一个锐角三角形;有时候是长长的直线;有时候似乎杂乱无章,或者有一个巨大的先头部队。但是无论它们如何前进,每一只鸟儿都会连续大声地鸣叫,无论处于怎样的危险之中,这些鸟儿都会表现出同样的习性。

这一物种的成年鸟儿为白色,幼鸟为灰色;在夏季缺乏雨水的时候,成年鸟儿和幼鸟都会在几乎干涸的池塘中挖掘泥巴。它们用鸟喙殷勤地挖掘,常常能成功地挖出深藏在地下0.6~0.9米深的大块莲藕。美洲鹤有时会来到田野中,玉米、豌豆和红薯田以及棉花种植园都是它们常去的地方。它们会吞吃谷粒和豌豆,挖出并贪婪地吞咽掉马铃薯;还会在潮湿的田野中抓水生昆虫、蟾蜍和青蛙。但是我认为它们几乎不会吃鱼。

这一物种仅仅在白天进食。除了我刚才提到的食物,它们时不时还会吞食鼹鼠或田鼠。我想，长度不短的蛇也会成为它们的食物，因为我在一只美洲鹤的胃部发现了一条38厘米长的束带蛇。

这一物种常常十分谨慎，印第安猎人常常需要十分小心才能靠近它们，足够成熟的鸟儿更是如此。它们的视力和听力都非常敏锐。猎人若是在远处不小心踩断了一根树枝或者扣动了扳机，整群美洲鹤都会立即抬起头，发出鸣叫。从你关上门走进田野中的那一瞬间开始，所有的美洲鹤注意你的一举一动。即使在高高的青草间匍匐向它们爬去，也注定是无用的，通常在你看见它们之前，它们早已留意你半天了。因此对我来说，读者，与其去射杀一群已经看到我的美洲鹤，还不如跑着去捕猎一头鹿呢。

灰斑鸻

英文名 | *Black-bellied Plover*　　拉丁文名 | *Pluvialis squatarola*

灰斑鸻

涉禽／鸻形目／鸻科／金鸻属

这一美丽的鸟儿在4月初来到我们的南方海岸。它们主要在夜晚旅行，白天大部分时间在海岸边休息，要么蹲坐在阳光下的沙滩上，要么在海滩上寻找食物。日落后，它们鸣叫着启程了。我沿着东部海岸寻找它们的踪迹，来到拉布拉多的崎岖海岸；在长满苔藓的岩石上捕获了几只灰斑鸻，不过并没有发现它们的巢穴。8月初，我还在那里获得了一些幼鸟。

灰斑鸻在马里兰州、宾夕法尼亚和康涅狄格州的山区繁殖并度过夏天。它们的巢穴不过是覆盖了几片草叶的浅洞。鸟卵有4枚，底色为黄白色，分布着许多浅棕色和淡紫色的斑块和斑点。坐窝的鸟儿在被敌人踩到以前会原地不动。受惊时，它们会飞上几米远，落地后接着奔跑，用尽一切花招引诱入侵者追捕它们。幼鸟几乎一破壳就能离开巢穴；要是有人靠近它们，亲鸟会变得十分聒噪，四处飞动，直到确定它们的幼鸟安全后，才会飞上很长一段路程藏匿起来。在繁殖季节以外的时间里，它们都十分胆怯；但是对幼鸟的关心常常让它们忘记靠近人类的危险。2～3周大的幼鸟能够十分灵敏地跑动，在察觉到危险时也会安静地蹲伏下来。在幼鸟学会飞翔后，几个小家庭聚集起来，一起飞去海岸边。灰斑鸻逐渐在海边聚集，寒冷的冬天到来时，几乎所有的鸟儿开始向南方迁徙。一些鸟儿还是会留在佛罗里达海岸上过冬。相比美洲金鸻，它们的习性更倾向于海洋性。

这种鸟儿的飞行持久、强劲、迅速。它们的队伍紧凑，在大沙洲上空盘旋，会突然转向，似乎要展示自己上下体表的美丽色彩。队伍中成年鸟儿和幼鸟混在一起，到了夏季，许多成年鸟儿颈部和胸前醒目的黑色羽毛已经消失。冬季时，或者只要它们到访海岸，灰斑鸻就会吃海洋昆虫、蠕虫和小型贝类；在内陆时，它们则以蝗虫和其他昆虫以及各种浆果为食，这些食物让它们肥胖起来。在求偶季节，它们会发出嘹亮悠扬的鸣声。

双领鸻

英文名 | *Killdeer Plover*　拉丁文名 | *Charadrius vociferus*

双领鸻

涉禽／鸻形目／鸻科／鸻属

大多数人认为双领鸻"聒噪而且躁动"，但是在我看来，除非是在它们的敌人尤其是人类出现的时候，平时它们怎么都算不上聒噪和躁动。当你藏在隐蔽的地方观察它们时，你会看见它们连续几个小时平静安宁地做着自己的事。在冬季不受打扰时，这些鸟儿更加出奇地安静。它们在路易斯安那州繁殖，并度过一年四季。

栖息在内陆地区的双领鸻远比在海岸边的多。在佛罗里达、佐治亚州和南卡罗来纳，你可以看见它们分散在甘蔗田、棉花田和稻田中；它们是那么温和安静，会让你很纳罕为什么它们会被叫作吵闹的鸟儿。它们在池塘周围的盐碱滩和大片泥泞的河滩上辛勤地寻找着食物，还不忘记充满怀疑地留神躲在一边观察它们的你。甚至有时在玉米田里也能看到这些鸟儿的身影。这时候我常常可以走到离它们很近的地方，可以清楚地看见它们美丽的浅红色眼圈。这种鸟儿会跑上几步，接着突然停下来，站得笔直，一动不动。我开玩笑地抬起枪，它就会立即贴近地面飞上100米，接着落下来再跑上二三十步，然后站直不动。我再次慢慢靠近它。读者，不要几次三番地考验它，那样它真的会把你当成敌人。它会展开翅膀，飞过河流或田野，留你在原地自娱自乐。我就遭受过许多次这样的待遇。

双领鸻的飞行方式强劲迅速，有时能飞上很长一段路程。它或贴近地面飞翔，或升到高空中。在求偶季节，这些鸟儿还会在空中做出各种回旋动作。在地面上它的速度也极快，甚至常被人类用来打比方——"像双领鸻一样奔跑"。虽说外表很美丽，但它们平常的站姿真可谓是僵直。被追逐时，它们会带着你在一个小时内跑上20多次。

双领鸻喜欢涉水，让扬起的水花溅到自己身上，拍动翅膀，让水顺着自己丝滑的羽毛滚落下来。浸透羽毛后又会来到温暖的土地上，晾晒干羽毛，清理掉其间的寄生虫。

4月初，这一物种在路易斯安那州繁殖。它们的巢穴各式各样，有的仅仅是在地上挖个浅坑，有的则会在池塘边茂密的植物下面挖出洞穴，接着在其中用青草筑巢。鸟卵几乎总是有4枚，呈梨形，为深奶油色，有许多不规则的紫棕色和黑色斑块。幼鸟破壳后没多久就能四处跑动。亲鸟轮流孵卵，从来不会让鸟卵在太阳底下暴晒；它们在敌人出现时会变得十分聒噪：雌鸟垂着翅膀，发出哀怨的鸣声，卖力地做出各种样子吸引你远离它们的巢穴；雄鸟则会在你头顶的空中横冲直撞地飞来飞去，大声表达着一个父亲的所有愤怒。如果你是一个善良的人，我相信你一定会心生怜悯，不再靠前。

这一物种很早就长齐了羽毛。在12月初，幼鸟和它们的亲鸟几乎已经没有什么明显的差异了。不仅如此，这时候的幼鸟也具备了很好的飞行能力。

这一物种的食物包括蚯蚓、蝗虫、蟋蟀、甲虫、海水以及淡水甲壳纲动物和蜗牛。它们会把鸟喙伸进泥土里，翻找食物。秋季它们会在田野里跑动着寻找昆虫。它们跟在农夫周围，迅速地捡食刚被翻出来的蠕虫。在捡食食物时，它们的身体就像跷跷板一样，在腿部的支撑下放低头部，直到鸟喙接触到地面，捡起食物。

美洲蛎鹬

英文名 *American Oystercatcher*　拉丁文名 *Haematopus palliatus*

美洲蛎鹬

涉禽／鸻形目／蛎鹬科／蛎鹬属

我们的蛎鹬分布极广：它们在马里兰州和墨西哥湾之间的沿海地区过冬，在春季到来时，它们迁徙到中部各州以及北卡罗来纳州，并在那里繁殖。它们几乎不会来内陆地区，哪怕是大河流域，而是终年留在沙滩和岩石海岸边的咸水湾或盐碱地上。

蛎鹬胆小，机警，总是保持警惕；行走时步子方正，在英俊外表和帅气鸟喙的衬托下十分好看。若是你停下来看它，它立即就会发出尖利嘹亮的鸣声；要是你朝它走去，若没有鸟巢和幼鸟需要保护，它就会飞出你的视野。一些鸟儿甚至很难让人靠近，只有用精良的望远镜才能观察到它们的习性。我就用这样的方式在拉布拉多海岸观察到：这些鸟儿用鸟喙搜索着海岸，将帽贝从岩石上敲下来；这时候它们的鸟喙就像凿子一样好用，嵌在岩石和贝壳间，轻易就能将贝壳剥离下来；它们还能灵活地抓住打开的硬壳中的牡蛎，在其他时候会不断地将牡蛎摔向沙滩，直到硬壳摔破，然后敏捷地吞掉其中柔软的那部分。有时它们似乎还能熟练地吸食海胆；在不打破海胆外壳的情况下，它们把鸟喙伸进裂缝中，就能将海胆吸进腹中。它们还常常涉水，任由海水淹没了身体，在水中捕捉虾和其他的甲壳动物；要是为了去另一片海岸，它们甚至还会游上几米远，而不愿意飞翔。小蟹、沙蟹和船蛆都是它们的食物，我在它们的胃部多多少少都发现了一些破碎的硬壳。它们常常还会拍打潮湿的海滩，迫使其中的昆虫爬出来；我还看见一只鸟儿从海水中跑出来，鸟喙中衔着一条比目鱼；一来到沙滩上，它就立即将这条鱼儿吞了下去。

这种鸟儿不会筑巢，通常仅在沙滩上挖个浅坑产卵。在拉布拉多海岸以及芬地湾，它们都在裸露的岩石上产卵。若是卵被产在了沙子中，在正午时分它们就几乎不会孵卵；但是在拉布拉多，一些鸟儿却被注意到会专心致志地孵卵——这又是一个表明地域对物种习性会产生影响的例子。若不是在拉布拉多捕获了一只样本，在中部地区获得了另一只繁殖期的样本，经过检查之后发现它们完全一样，我原本还以为这些鸟儿分属于不同的物种呢。我观察到它们总是在覆盖着破碎贝壳的、堆积着的海草中产卵，事实上这样的确能保护到鸟卵。鸟卵有 2～3 枚，形状与鸡蛋相似，为浅奶油色，分布着均匀的不规则棕黑色斑点，还有一些斑点颜色较浅。这些鸟儿不在巢穴里时也仍十分关心它们的鸟卵，一旦敌人出现，它们就会大声鸣叫起来；若是你靠近它们的巢穴，它们就会在你周围一定范围内飞来飞去。幼鸟一出世就能跑动；要是你出现在幼鸟面前，亲鸟会立即跑到你前面，或在你四周飞动，动作迅速，发出特别的鸣声；幼鸟听见声音立即蹲伏在沙子和破碎的贝壳间——这时候暗灰色的幼鸟很难被发现；要是你走到离它们 0.3～0.6 米的地方，它们就会立即哀怨地鸣叫着跑掉，这时它们的亲鸟会更加愤怒。幼鸟的形状几乎为圆形，背部、尾部的条纹以及弯曲的鸟喙尖端都不会让你以为它们就是蛎鹬幼鸟。我捕捉过一些自认为有 1 个月大的幼鸟，尽管它们的羽毛已经长齐，但是还不会飞翔。它们长得十分肥胖，在沙地上跑得不快。我在四周没见到它们亲鸟的踪迹，但是我不认为它们已经可以自己觅食，相反，它们的亲鸟可能会在每天固定的时间里回来给它们喂食。

10 月初这些鸟儿回到南方。直到 8 月 11 日，我还能在拉布拉多看见它们，但是并不清楚它们在什么时候离开。在涉水时，或在海岸上受了伤，它们会飞到水上，在水面上自在地漂浮，轻松地游动。

蛎鹬的飞行方式强劲有力，迅速，持久，有时姿态优雅。展翅飞翔时，它们的美丽展露无遗。它们亮白色的翅膀与漆黑的羽尖对比鲜明，珊瑚色的鸟喙和洁白的腹部交相辉映。它们的鸣声十分特别；当它们在空中做回旋舞蹈时，不熟悉它们的人一定十分想知道这种美丽鸟儿的名字。

高原鹬

英文名 *Upland Sandpiper*　拉丁文名 *Bartramia longicauda*

高原鹬

涉禽 / 鸻形目 / 鹬科 / 高原鹬属

高原鹬是我熟悉的同族鸟类中真正的陆栖鸟类，它们终年远离各种水域。尽管有时它们也会出现在小水塘、海岸边的沙滩、泥潭或淡水湖泊和溪流边，但从不会试图走进水中。

春季，大群高原鹬来到新奥尔良地区，在开阔的平原和植被丰茂的大草原上度过大约两个星期的时间。它们刚刚到来时十分消瘦，但是在8月初回南方时，它们的肉已经变得肥嫩多汁。接着，它们会在路易斯安那州停留到10月初。在春天，消瘦的时候高原鹬往往比秋季时更加胆大，它们在常去的新耕地上寻找食物时，会比在草地上更加及时地发现人类。

高原鹬常常停落在篱笆、树和外屋上；但是无论要停落在哪里，它们都会垂直地竖起展开的翅膀，发出大而持久的悦耳鸣声。它们能灵活地跑动，会突然停下来摆动一两次身体。被猎人追逐时，它们会低下头迅速跑掉，或者视情形危急与否，蹲伏起来。它们常常会在被你发现以前就已经注意到你，并且机警地溜走躲藏起来；这时候你能听见它们哀怨温和的鸣声，但是环顾四下，却不见它们的踪影。

与所有四处旅行的鸟儿一样，高原鹬的食物也是丰富多样的：在路易斯安那州，它们以斑蝥和其他甲虫为食；在马萨诸塞州则是蝗虫；在两卡罗来纳州，蟋蟀和其他昆虫以及马唐草的种子是它们的食物；在肯塔基州的荒原上，它们常常会吃草莓。

这一物种在白天和夜晚都会迁徙。它们飞行速度极快，而且飞行持久。迁徙时，它们通常飞得很高，猎枪远远不能伤害到它们；但是在多云和大风的时候，它们会飞得低一些，也容易被猎杀。

我在草地中央的一簇草丛下发现了它们挖掘的3.8厘米深的巢穴；凸起的小田埂上生长着低矮灌木，在灌木丛中我还看见一些用青草稀疏编织起来的巢穴。幼鸟破壳后立即就能奔跑，一个月后就能飞翔，接着会随着气温变化随它们的亲鸟渐渐向南方迁徙。

美洲小滨鹬

英文名 | *Least Sandpiper*　　拉丁文名 | *Calidris minutilla*

美洲小滨鹬

涉禽／鸻形目／鹬科／滨鹬属

这一谦卑而有趣的物种总是在高山地区繁殖。我在拉布拉多发现大量美洲小滨鹬在离海洋不远的、有苔藓覆盖的高大岩石上繁殖。

除了在孵卵和幼鸟很小的时候，这些鸟儿的飞行方式都与威氏鹬相似；但是在受惊时，它们会贴近地面飞走，翅膀十分弯曲，发出呼呼声。若在繁殖期受了打扰，美洲小滨鹬会在你面前慢慢地移动，发出哀伤焦急的鸣声，吸引你去追逐它。在地面上时，它们也有类似的行为，会缓慢地走动，甚至假装残疾；事实上，当你靠近有幼鸟或鸟卵的巢穴时，亲鸟都会这样做。读者，这时候你应该留意它被惊起的地方，将你的帽子扔在那里作为标记，以防被自己的眼睛欺骗；这样过后，你就可以在帽子周围找到你想看的巢穴。

1833年7月20日，用这样的方法，经过一番寻找之后，我发现了这一物种的鸟卵和巢穴。这些鸟儿像松鸡，不像鹬属鸟类那样飞行。雌鸟和雄鸟都从巢穴附近飞了起来，于是我将自己的帽子留在那里，随后开始四处寻找，最终发现了它们。4枚美丽的鸟卵出现在我的眼前，我跪在巢穴前狂喜地凝望了它们数分钟。美洲小滨鹬个头不大，但这些鸟卵比我想象的要大一些。这些鸟儿似乎先用脚爪在鲜嫩的苔藓上踩出个坑，接着又用细长的甘草叶铺出一个圈。巢穴内径有6.3厘米，深有3.1厘米。鸟卵底色为深深的奶油黄，有深焦茶色的斑块和斑点。鸟卵的端部聚在一起，似乎是刚刚产下的。巢穴建在一块岩石的背风处，暴露在较为温暖的阳光下。这些小生物刚刚确定我发现了它们的宝贝，就立即表现出巨大的悲伤，它们在峭壁间飞来飞去，发出让我十分难受的鸣声。尽管我十分不愿意夺走它们的鸟卵，但是出于对科学的热爱，我还是那么做了。我知道我的理由常常成了很好用的借口。

然而这一对鸟儿产卵的时间一定较晚，因为在8月4日，我和同伴们看到了一些和它们的亲鸟几乎同样大小的幼鸟。许多包括幼鸟和成熟鸟儿在内的美洲小滨鹬群已经开始离开拉布拉多；在我们所有的短途旅行中，我们都看到了这些鸟儿。在8月11日，我们也发现了许多成年鸟儿和幼鸟。但是我没能捕获一只幼鸟。

我的朋友托马斯·纳托尔仔细准确地描述了美洲小滨鹬的生活习性。他的描写十分完美，因此我摘录在下面："早在7月8日，美洲小滨鹬就出现在了波士顿周围的盐碱滩上；夏季它们几乎不会离开我们，因此或许可以被认为是该州及附近地区的常驻居民。它们到来时，几乎就像乌云一样遮住了太阳；在这些美洲小滨鹬群中常常还有一些半蹼鹬。它们从一个地方飞去另一个地方寻找食物，忽然断断续续地盘旋起来，从远处看像极了热闹的蜜蜂群在寻找地方居住。捕鸟人模仿着它们尖锐暴躁的鸣声，向它们靠近，给这群胆小不安的飞鸟带来了灭顶之灾。"

小丘鷸

英文名 *American Woodcock*　拉丁文名 *Scolopax minor*

小丘鹬

涉禽／鸻形目／鹬科／丘鹬属

简单单纯的小丘鹬常常让我为它们感到着急，我亲眼看见过顽皮孩子粗鲁残酷的恶作剧。雌鸟枉然地试图从他们野蛮的手中救出自己挚爱的孩子。在这些时候，它几乎不会跛行，也不会贴着地面飞动，而是半伸展开翅膀，头部向一侧倾斜，发出轻柔的低语；它来回走动，督促幼鸟赶紧躲进敌人碰触不到的安全地带。它不顾自己的安危，而且只要它确定自己的牺牲能换来幼鸟的安全，它似乎就会心甘情愿地被抓走。

冬季，数量众多的小丘鹬栖息在美国南部地区，有时出现在温暖隐蔽的地方，甚至还会来到中部地区。这时候它们在每个地区停留的时间长度取决于当地的气温状况。当这些鸟儿从南方迁徙到美国各州的繁殖地时，尽管每一只鸟儿都独自迁徙，但它们快速地追赶着彼此，一只跟在另一只后面抵达，就像有秩序的鸟群一般。站在密西西比河东岸或俄亥俄河上的人在3月中旬到4月份的日暮时分尤其能清楚地观察到这些鸟儿：它们的飞行速度极快，十分活跃，比得上我们飞行速度最快的鸟儿。当它们低低地飞过宽阔的溪流时，清晰的振翅声随着它们飞过河流进入树林而渐渐模糊。10月份，当我和我的家人穿过新布伦威克省和缅因州北部地区旅行时，晚上我看见同样多的鸟儿向南方飞去；它们离地面仅仅几米甚至几十厘米高，队伍连绵不绝，飞过道路，穿过山林。

在中部各州，3月末，小丘鹬开始求偶交配；在南方各州还要早1个月。巢穴是用枯叶和干草胡乱堆起的，常常建在树林中隐蔽的地方，比如灌木下或者倒地的木材旁。一次，在新泽西的卡姆登附近，我在一片小沼泽中的一截木头上部发现了一个巢穴，这截木头的下端淹没在几十厘米深的水中。根据纬度不同，鸟儿们在2～6月初产卵，卵通常有4枚，不过我也常常会发现5枚鸟卵。它们表面光滑，为暗黄土色，颜色深度不一，有不规则的深棕色或紫色斑块。

幼鸟一破壳就能四处跑动。我曾在俄亥俄河边的沙洲上发现了3只看上去刚出世不到半天的幼鸟，当时它们的亲鸟并不在近旁。我藏在附近观察了大约半个小时，这几个小家伙一直沿着水边跟跄地行走，好像它们的母亲是从那里离开似的。那半个小时里，我并没有发现亲鸟，它们去了哪里我一无所知。幼鸟起初身上覆盖着暗黄棕色的绒毛，接着长出深焦茶色条纹，渐渐就变成了它们亲鸟的模样。在三四周大的时候，尽管羽翼还未丰满，它们已经能够飞起来躲避敌人；6周大的时候，它们的飞行能力就已经十分卓越了。

小丘鹬通过不断快速振翅来维持飞行，在迁徙时飞行速度很快。因为它们很早就来到缅因州和新布伦威克省，所以我倾向于相信它们飞行耐力持久；我甚至觉得它们的飞行速度有时比我们的小松鸡还要快。在前进时，它们每飞上几米远就会没什么规律地向左或向右转向；但是在被追逐时，它们就像不在乎你似的飞起来，缓慢地飞上几米后落下，又跑上几步，然后蹲伏下来等着你离开。它们不怎么喜欢涉水，从来不会在盐碱滩或淡盐水水域中寻找食物。它们最喜欢的是流经丛林的小河边泥泞的小水流。不过天气状况和气温决定着它们在哪里休息。

小丘鹬的食物主要是大蚯蚓，在一个晚上它们能吃掉总重量相当于自己体重的蚯蚓；但是它们的消化能力和鹭科鸟儿一样强大，在我所解剖的小丘鹬胃中很少能发现一条完整的蚯蚓。它们刺穿潮湿的土壤或泥沼寻找食物，也会在树林中翻找枯叶下面的蠕虫。圈养的小丘鹬很快就能适应玉米粥、奶酪碎屑和泡水的细面。一些小丘鹬会变得很温和，甚至会允许主人用手抚摸自己。

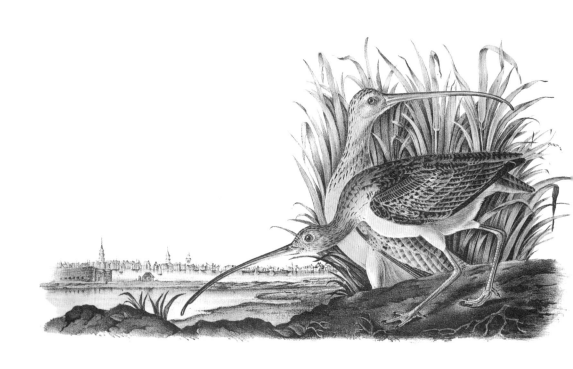

长嘴杓鹬

英文名 | Long-billed Curlew   拉丁文名 | Numenius americanus

长嘴杓鹬

涉禽／鸻形目／鹬科／杓鹬属

长嘴杓鹬是北美洲发现的杓鹬属鸟类中体型最大的。它们的鸟喙极长，这个特点就足以把它们与其他物种区分开。长嘴杓鹬的许多习性与朱鹭科的一些小型鸟类十分相似：它们的飞行和进食方式相似，卵的数量也相同。然而朱鹭总是在树上繁殖，而且会筑起很大的鸟巢，但是长嘴杓鹬在地面上产卵，筑起的巢穴也十分简陋。不过，据我的朋友巴克曼说："长嘴杓鹬也像朱鹭那样将巢穴建在一起，彼此挨得很近，因此人们要想在巢穴间走动却不破坏到鸟卵，几乎是不可能的。"

长嘴杓鹬在海边的沼泽地上度过白天，在日落时分回到海岸边的沙滩上休息，直到天亮。当太阳落到地平线以下时，小群长嘴杓鹬一起离开进食地，鸟群中一般不超过15～20只鸟儿；通常时候，仅仅只有五六只鸟儿一起飞走。但是在飞行中鸟群不断扩大，一个小时后来到休息地上的鸟儿常常能有几千只。

捉住它们要费一番精力。因为只要还有一息尚存，它们就会在茂密的植物间一声不响地悄悄溜走。要是摔落在水面上，它们会很快向岸边游去。如果鸟群中有受伤的鸟儿，这一物种与大多数鸟儿不同，常常会留下来，在你四周飞来飞去。在陆地上时，它们十分机警；除非躲藏在高高的草木间，你一般很难靠近它们。鸟群中往往有一只哨兵，发现你时它就会举起翅膀，似乎要起飞并发出一声鸣叫；然后所有的鸟儿都举起翅膀，接着收拢起来，停止进食，看着你的一举一动。有时你在很远外轻轻地走了一步，都足以让它们警醒，接着它们就会尖叫着飞走。

长嘴杓鹬的食物主要是招潮蟹，为了获得这些食物，它们会追逐招潮蟹，将它们从洞穴中拉出来。它们用整个鸟喙翻找潮湿沙地间的船蛆和其他动物。它们还喜欢小型的海洋贝类、昆虫和各种蠕虫；我从来没有见过它们像爱斯基摩杓鹬那样在高地上寻找浆果。

褐胸反嘴鹬

英文名 *American Avocet*　拉丁文名 *Recurvirostra americana*

褐胸反嘴鹬

涉禽／鸻形目／反嘴鹬科／反嘴鹬属

1814年6月，我意外得知这一奇异的物种在美国内陆繁殖。那时我正骑马从亨德森前往印第安纳州的文森。当我来到这一地区的一个浅浅的大水塘时，我惊讶地看见水边和小水湾上飞动着几只褐胸反嘴鹬。第二天日出时，我已经舒适地藏在灯芯草中，观望着整个湖面了。

不论是在水上还是在地面上，褐胸反嘴鹬总是举着翅膀，直到安稳地落下。要是在水面上，它们会站立几分钟来平衡头部和颈项，与大黄脚鹬的方式相似。然后，它们就开始大踏步走动着寻找食物，或者追逐食物跑起来；从一个浅滩去往另一个浅滩时也会游上一两米远，或者将身体没入水中，半举起翅膀，大步涉水。有时它们也会钻进灯芯草丛，几分钟后再次出来。它们彼此之间保持着距离，多次偶然相遇时也保持着沉默；它们彼此之间并没有表现出任何敌意，不过在其他物种露面时，褐胸反嘴鹬立即会将后者驱赶走。我在原地发出几次尖锐的哨音，它们会突然停下漫无目的的散步，直起身体和颈项，各自发出三两声鸣叫，一动不动地聆听上几分钟，接着飞回巢穴中，然后又离开。它们寻找食物的方式与玫瑰琵鹭完全一致：侧着脑袋来回摆动，用鸟喙在柔软的土壤中翻找。这时候若是湖水较深，它们的脑袋和半个颈项都会淹没在水中。追逐在水面上游动的水生昆虫时，它们会跟在昆虫后面跑动，追上之后就将下鸟喙伸进昆虫身下的水中，上鸟喙高抬着，然后突然咬合。它们同样也能敏捷地捕捉在空中飞行的昆虫，会跟在昆虫后面半伸展着翅膀跑起来追逐。

11点钟，在太阳的炙烤下，气温已经很高，褐胸反嘴鹬放弃了觅食；每一只鸟儿来到水塘的不同地方，梳洗过后，它们将脑袋放到肩膀上，静静地待在那里，仿佛睡了一样；一个小时后，几只鸟儿同时晃动着伸展开翅膀，飞到三四十米的高空，朝着沃巴什河的水上飞去了。

这时我想看一看巢穴中的鸟儿，于是就从躲藏的地方缓慢地、安静地走了出

251

去，很快涉水来到离我最近的有鸟巢的小岛上。为了不惊走它，我轻轻地朝着那个巢穴爬去，又热又慌，气喘吁吁。接着，我就来到了离这个不知情的生物不足1米的高大青草间。可爱的鸟儿！多么纯洁，多么无辜，离它的敌人又是多么近，尽管这只是一个他族的仰慕者！它坐在鸟卵上，几乎忧伤地将头部缩在羽毛间；没有伴侣的陪伴，它的眼睛也失去了光泽，半合着，似乎在想象未来的场景；它的腿部像平常一样弯曲着。看过之后我十分满足。可是这时，它发现了我，这个可怜的小东西。它慌张地站立起来，跑起来，跛跄着，最后终于飞了起来，发出痛苦焦急的鸣声，这声音即使冷漠的人听了也会动容。

鸣叫之后，这只受惊的鸟儿在水塘上慌乱地走来走去，一会儿躺下，仿佛等待死亡一般，一会儿又跛足走动，想吸引我放弃它的卵而去追逐它自己。唉，可怜的鸟儿！直到那天我才意识到，群居的鸟儿中若有一只从巢穴中惊起并发出警告的鸣叫声，其他孵卵的鸟儿也会飞起来帮助这个小家庭脱离险境。另外两只在孵卵的褐胸反嘴鹬立即起身，朝着我飞来；那只带着4只幼鸟的雌鸟下了水，很快涉水离开，而它的幼鸟也紧跟在它后面游走了。

它的叫声能被多远外的同类听到，我说不清；但是就在这只被我打扰的鸟儿鸣叫了几分钟后，飞去沃巴什河的鸟儿飞了回来，在我四周盘旋。此时我已经获得了足够多的关于这一物种的知识，于是将5只鸟儿射了下来，不幸的是我发现其中有3只是雌鸟。

巢穴建在高大的青草间，完全用同样的枯草建成。其中并没有树枝或其他的材料。巢穴内径有12.6厘米，铺着柔软的狗跟草。鸟卵有4枚，小的一端靠在一起。那之后我多次去寻找雌鸟和幼鸟，但是都一无所获。所有的褐胸反嘴鹬似乎都已经离开了。

彩鹮

英文名 *Glossy Ibis*　拉丁文名 *Plegadis falcinellus*

彩鹮

涉禽／鹳形目／鹮科／彩鹮属

著名的亚历山大·威尔逊的朋友和伙伴、费城的乔治·奥德先生第一个告知我们这一美丽的生物栖息在美国的领土上。他写道："在1817年5月7日，托马斯·塞伊收到了大卵港的奥莱姆先生在那里射杀并寄来的精美样本。它是我所知道的在美国发现的第一只这样的鸟儿。我被告知这一物种最近的一个样本在5月份被捕获，后来送去了巴尔的摩博物馆，两只鸟儿都是在哥伦比亚地区被射杀的。"

彩鹮在美国极为稀少，它们出现的时间间隔长而且没有规律；每当人们发现它时，它就像迷了路游荡至此一样。然而墨西哥的这一物种数量极大。1837年春天，我在得克萨斯州看见了大群彩鹮；但它们仅仅是在夏季才去到那里，和白鹮一同在草木茂密的河湖边活动，而且明显是来往于内陆的栖息处时经过那里的。它们的飞行方式与它们的同伴白鹮相似，而且或许它们也以同一种甲壳动物为食，并且集体在低矮的灌木丛中繁殖。不过很不幸，我们并没有机会证实这一推测。纳托尔先生在他的《美国和加拿大鸟类学》一书中说道："这一物种的一个样本时常被送到波士顿的市场上展销。"

我插图中美丽的雄性鸟儿是在佛罗里达一个樵夫的木屋附近捕获的，插图中的背景大约就是当时的环境。

美洲白鹮

英文名 American White Ibis   拉丁文名 Eudocimus albus

美洲白鹮

涉禽／鹳形目／鹮科／美洲鹮属

作为多种水禽和陆禽的繁殖地，沙岛是一个神奇的地方。当我们走进这个闻名之地，满眼所见的每一棵灌木、仙人掌或树上都有鸟巢。鸟巢数量究竟是一千还是一万我说不出来，但是我数过的一棵李树上有47个巢穴。

白鹮的这些巢穴最大直径有38厘米，是用干树枝和须根以及岛上生长的鲜树枝编织而成；内巢扁平，用甘蔗和其他植物的叶子垫起。这一物种一年仅繁殖1次，鸟卵总共有3枚。产卵时间在4月10日—5月1日，产卵后，次月10日之前幼鸟通常就已经孵化。幼鸟最初浑身覆盖着深灰色的浓密羽毛，由亲鸟反刍喂食。它们需要5个星期的时间才能飞翔，不过在第三个周末，它们就能够离开巢穴，站在树枝或地面上等待着亲鸟带食物归巢了。一旦幼鸟能够养活自己，亲鸟就会离开它们，因此那时它们就都分开各自觅食。在筑巢或孵卵的时候，白鹮十分温和、迟钝，只要你不过分打扰它们，它们甚至容许你碰触它们的巢穴。雌鸟一直很安静，但是雄鸟会发出与白顶鸽的鸣声十分相似的鸣叫声来表达心中的不悦。

白鹮飞行迅速持久。它们交替着振翅和滑翔来维持飞行。整个队伍的动作整体划一，路线波浪起伏，因此我想无论振翅还是滑翔都是由头鸟开始，每个动作都被传递了下去。这时候，如果有一只鸟儿被射伤，整个队伍形成的优美曲线会瞬间被破坏，接下去的几分钟是一片混乱；但是鸟群还在继续飞行，渐渐地它们就恢复了之前的秩序。受伤的鸟儿从来不会试图啄咬或反抗；不过若是伤口在翅膀上，它就会迅速跑掉，常常逗乐追逐的猎人。

有时候白鹮也会飞到很高的空中，做出优美的回旋。这样自娱自乐一段时间后，它们会以惊人的速度向下滑落，栖落在树木或者地面上。在阳光很好的时候，它们的全部光彩都会展现出来，漆黑明亮的羽尖与黄白色的羽毛形成了最绝妙的对比。

这种鸟儿寻找食物的方式十分奇特。白鹮的确常常会捕食小蟹、鼻涕虫和蜗牛，有时甚至会捕食飞虫。小龙虾在干燥的天气里常常会躲藏到90～120厘米深的地方，因为它们必须生活在有水的环境里，在持续炎热的夏季尤其如此，这时候白鹮必须很卖力才能获得足够的食物。为了捕获小龙虾，白鹮十分小心地朝着小龙虾挖出来的土堆走去，破坏掉它们洞穴上面的结构，让泥土落进深深的洞穴中。接着，白鹮会后退一步，站在那里耐心等待着。由于洞穴被破坏，小龙虾立即重新开始工作，最终来到洞口；就在它们露面的那一刻，白鹮立即伸出鸟喙将它们捉了起来。

我喂养过一只白鹮幼鸟：经过几天的圈养，它会主动吃印第安玉米粥，但是在获得小龙虾时会表现得十分喜悦。它会捉着一只小龙虾，将它倾斜着摔向地面，直到小龙虾的脚爪和腿脱落下来，然后将它完整地吞下去。它喜欢侧躺着晒太阳，一次会晒上一个小时左右，不断整理着羽毛，照料疼痛的翅膀。它走动起来轻灵而优雅，变得极为温和驯服，会像一只普通的家禽一样跟随着给它喂食的人。

黑头鹳鹳

英文名 | Wood Ibis　　拉丁文名 | Mycteria americana

黑头鹮鹳

涉禽／鹳形目／鹳科／鹮鹳属

这一卓越的鸟儿终年栖息在我们的南方地区，不过它们也会短途迁徙；偶尔会有少数黑头鹮鹳远离队伍，游荡到中部各州。它们栖息的地方无疑最适合它们的习性：在我们南方各州众多的广阔沼泽地、湖泊、水湾中生长着大量的鱼类和两栖动物；这些地方的气温也正好适合黑头鹮鹳的生长。

黑头鹮鹳喜欢群居，在繁殖期过后依然如此。一年当中的任何时候，人们都更容易看见上百只黑头鹮鹳组成的鸟群，但是却不常见到单独活动的黑头鹮鹳。不仅如此，我还见到过几千只黑头鹮鹳组成的鸟群。它们的食物主要是鱼类和两栖类动物；事实上，它们毁掉的生物要比它们能吃掉的多得多。为了获得这些食物，许多黑头鹮鹳会走过泥泞的浅湖或水湾；一旦发现一个有大量鱼儿的地方，它们就会在那里拼命跳动，搅起底部的淤泥，让水变得十分浑浊。这时候鱼儿游到水面上，但立刻就迎来了黑头鹮鹳鸟喙的打击；鱼儿很快纷纷死去，肚皮朝天，一动不动。在10～15分钟里，几百条鱼儿、青蛙、小短吻鳄和水蛇覆盖住了整个水面；这些鸟儿开始贪婪地大口吞咽，直到再也吞不下去。那时，它们就来到最近的水边，排成几排，让胸脯朝向太阳，然后留在那里一个小时左右。当胃中的食物消化了一些之后，它们就都起飞，盘旋着飞到高空中，翱翔上一个小时或许更多，这期间还会做出人们所能想象出来的最美丽的回旋舞蹈。它们修长的脖子和腿完全伸展开，洁白的羽毛与黑亮的羽尖形成了美丽的对比。它们时而绕起大圈，盘旋升向高空中；时而又投身大地，接着温柔地飞起来，再次做起回旋。饥饿会再次将它们拉回到地面上；那时它们排成新的队伍，先头部队十分壮大，整群鸟儿迅速飞向另一个湖泊或水湾去寻找食物。

请记住这个地方，读者，跟随它们穿过甘蔗丛、柏树沼泽地以及错综纠缠的树林。它们几乎不会在同一天回到同一个进食地。

关于黑头鹮鹳的一个奇怪现象就是，尽管黑头鹮鹳进食的地方常常也栖息着成年短吻鳄，而且它们总是会杀死并吞掉小短吻鳄，但是这些成年的"大爬虫"从来不会攻击黑头鹮鹳；相反，一只鸭子或白鹭出现在它们尾巴触及得到的地方时，它们会毫不犹豫地杀死这些鸟儿并吞掉。黑头鹮鹳淹没半个身子在水中跋涉时，常常会踩到短吻鳄的门口而安然无恙地通过；但如果这只鸟儿受了伤，短吻鳄会立即冲上去，将它拖入水底。雀鳝就不那么谦让了，一有机会就会攻击黑头鹮鹳。鳄龟也是黑头鹮鹳幼鸟的强大敌人之一。

黑头鹮鹳从地面上飞起来时，样子看上去十分沉重。这时候它的脖子深深地弯了下去，翅膀有力地重重拍打着，飞起来许多米后它们的长腿才会伸展开。不过一来到 2.4 ~ 3 米的高空，它们的上升动作就变得敏捷多了；它们通常以不断盘旋的方式上升，平时不会发出鸣叫声，但若是受了惊吓，就会刺耳粗哑地呱呱大叫。正常飞行时，它们的路线平直，每隔三四十米交替着振翅和滑翔，滑翔的时间更长。它们能比白鹭更加轻松地飞落在树上，像野火鸡一样在树枝上站直或蜷缩，而白鹭几乎从不会在树枝上蜷缩起来。它们在休息时会将鸟喙放在胸脯上，而脖子缩在肩膀之间。它们不会吃已死去一段时间的东西。在进食时，它们鸟喙咬合的咔嗒声在几百米外就能听到。

大白鹭

英文名 *Great Egret* 拉丁文名 *Ardea alba*

大白鹭

涉禽／鹈形目／鹭科／鹭属

大白鹭是目前在美国发现的鹭科鸟类中体型最大的鸟儿，不仅如此，大白鹭全身羽毛洁白——在它们一生任何一个阶段都是如此。

这一物种极为胆小。有时离我们还有800米远，它们就会飞起来，眨眼间消失得无影无踪。在被追逐的时候，它们也会回到飞起时所在的泥潭上，要靠近一只栖落或站在水中的鸟儿几乎是不可能的。事实上我相信，捕捉一只大白鹭所花的时间，足够人们捕捉六七只大蓝鹭。

大白鹭终年栖息在佛罗里达群岛，这一地区也是它们最喜欢的繁殖地，在这里繁殖的鸟儿数量众多。它们几乎不会出现在东部的佛罗里达海角以及龟岛，或许是因为这些岛屿上没有红树林。早在3月份这些鸟儿就开始交配了，但是许多鸟儿直到4月中旬才会产卵。它们的鸟巢有时相隔很远，尽管我们在同一个岛屿上常常会发现许多鸟巢，但是这些鸟巢之间的距离相比大蓝鹭还要远一些。鸟巢距最高水位线几乎不会超过1米，我检查过的二三十个鸟巢就建在这样的位置。鸟巢很大，直径有0.9米；筑巢材料是各种尺寸的树枝，巢内没有内衬，形状扁平，有几英寸厚。鸟卵总是3枚，卵壳较厚，为均匀的浅蓝绿色。伊根先生告诉我，它们的孵化期长达30天左右，雌雄亲鸟都会孵卵，但是雌鸟更卖力一些。孵卵时，它们的腿伸展到身体前方，样子和两三周大的幼鸟相似。我见过几只10天到1个月大的幼鸟，它们的羽毛也是白色的，略微有奶油色着色，还没有任何长出羽冠的迹象。那些我带到查尔斯顿的鸟儿被圈养了一年多，但是也没有羽冠生长的迹象。我说不出它们需要多久才能长成插图中的样子。

这些鸟儿安静沉着，行走的样子十分庄严，步子坚定而优雅。与大蓝鹭不同，大白鹭成群来到地上觅食，有时候在同一片觅食地上人们能观察到100多只这样的鸟儿；更加值得一提的是，大白鹭会来到离它们休息和繁殖的岛屿一段距离的泥沼地或沙洲上觅食。在我看来，大白鹭是一种昼行性的鸟儿，睿智、正直、判断力极好的伊根先生也证实了我的这一观点。它们在这些浅滩上一动不动地站立着，几乎不会追逐它们的猎物，而是等待着，在猎物靠近时才会发动袭击，并且将猎物生吞下去；当猎物较大时，它们会在水面上打击猎物，或猛烈地晃动猎物，同时重重地击打它。它们会一直在进食地上徘徊，直到涨潮时——潮水几乎淹没了它们的身体，它们才会离开。它们十分机警：尽管它们会回到同一片海岛上休息，但几乎不会飞落回同一棵树上；若是不断受到打扰，它们就会离开这个休息地，至少许多周不会回来。休息时，它们通常单腿站着，另一只腿收起来；它们不会像鹳类那样平卧在树上，而总是收起长长的颈项，将它们的脑袋放在翅膀下面。当一群这样的鸟儿在白天以这样的姿势休息时，总会有一两只鸟儿伸直脖子站着，敏锐地看着四周，保持警戒。在受惊后，它们会飞起来，同时发出沙哑的哇哇叫声，径直飞上很远的一段距离，但是从来不会向内陆飞去。

大白鹭的飞行方式坚定、有规律而且持久。它们通过不断缓慢拍翅来维持飞行，在飞出去几米远后就会将头部缩回去，腿部向后伸展着，和其他鹭科鸟类一样。它们还会时不时地升到高空中，在那里绕大圈滑翔；除非是在一些鸟儿已经停落的地方觅食，不然它们在停落前总是会先盘旋飞行上一会儿。这种飞行能力卓越的鸟儿从来不会到访佐治亚或南北卡罗来纳州，也不会迁徙到内陆地区，真让人惊异。

夜鷺

英文名 *Black-crowned Night-heron*　拉丁文名 *Nycticorax nycticorax*

夜鹭

涉禽 / 鹈形目 / 鹭科 / 夜鹭属

夜鹭终年栖息在南部各州，从色宾河河口到南卡罗来纳州的东部边界，海岸附近的低洼沼泽地上栖息着许许多多这样的鸟儿。

一年冬天，当我在东佛罗里达漫步时，发现了几个大型的夜鹭栖息地，其中一个地区栖息着的鸟儿数量巨大。那是一个面向哈利法克斯河的河湾，距离我的朋友约翰·布洛的种植园仅仅9.6千米。尽管才刚1月份，已经有几百对鸟儿完成了交配；许多前一年建成的巢穴看上去依然完好；所有的鸟儿看上去都平静而满足。

春季到来时，大群在南方过冬的鸟儿离开它们的旅居地，开始向东方迁徙，不过仍有相同数量的鸟儿终年留在路易斯安那州和佛罗里达的低洼地区。四五月份我就在这些地方发现了它们的卵，而且在同一地区，刚刚会飞的幼鸟数量也极为丰富，因此我推断这些鸟卵是第二次产下的。3月中旬以前，在南北卡罗来纳州，夜鹭的数量与日俱增；大约一个月后，一些鸟儿出现在中部各州，许多夜鹭留在那里繁殖。在纽约州，夜鹭的数量并不丰富，马萨诸塞州也有稀稀落落的夜鹭在繁殖；为数不多的鸟儿来到缅因州，继续向东的地区则把偶然出现的夜鹭视为珍稀物种。新斯科舍、纽芬兰和拉布拉多的人们对这一物种十分陌生。

除了在繁殖期，这一物种总是十分胆小和机警，成年鸟儿尤其如此。在它们已经注意到你的时候，要靠近它们会变得十分困难。它们似乎熟知你的枪在多远外能够伤害到它们，它们看着你的一举一动，总是在最适当的时候展翅飞走。要是你在靠近它们的途中踩响了一根树枝，它们就会立即站起来，迅速拍动翅膀，发出几声振翅的声音，幸灾乐祸地飞走。

夜鹭的鸟巢大而扁平，用树枝建起，有时能有7.6~10厘米高。有时它们的巢穴建得粗糙简陋，幼鸟在学会飞翔之前就已经将巢穴打翻。许多鸟巢每年都会被修复，因为这些鸟儿一旦选定了适宜的地方，之后几年都会来到这里；只有在某种灾难发生后，它们才会不情愿地放弃那里。鸟卵通常有4枚，为朴素的浅海绿色。

鸟卵孵化大约3周后,大多数幼鸟会离开鸟巢,脚爪紧紧地抓住树枝,沿着树枝爬到树冠中,在那里等待着亲鸟的食物。要是你在这时候靠近它们,幼鸟和亲鸟都会十分惊恐:它们会突然停止吵闹,沙哑地鸣叫;亲鸟飞到空中,在你的周围和头顶上盘旋,有的鸟儿会落在附近的树上;而幼鸟为了不被捉走,混乱地向四周爬去。有时这些惊慌失措的鸟儿会投入水中,十分迅速地游走,来到岸边又立即跑动起来,躲进每一个能藏身的地方。在你离开半个小时后,亲鸟和幼鸟互相呼唤的鸣声一定能传到你的耳中;这噪音变得越来越吵闹,不久就又变得像平常一样聒噪了。遍地的树枝树叶、废弃巢穴里的粪便和死去的幼鸟、腐烂破碎的卵以及腐烂的鱼和其他物体会发出浓重的臭气,因此来到这些地方并不是一件让人感到愉快的事。

夜鹭的飞行方式缓慢、稳定,常常能长时间飞翔。它们在夜晚迁徙,迁徙过程中常常会发出大而粗哑的鸣声。在一些时候,它们的飞行速度会比平常更快一些。这些鸟儿在地面上的行走姿势丝毫算不上优雅:它们佝偻着身体,缩着脖子;在发现猎物的一刻会立即伸出脖子,吞掉猎物。它们从不会像真正的鹭那样一动不动地站着等待猎物出现,而是不断地四处走动着寻找食物。它们的食物包括鱼类、虾、蝌蚪、青蛙、水蜥蜴、水蛭、各种小甲虫、水生昆虫、蛾子,有时候它们也会乐意吃老鼠。饱食之后,它们会飞到溪流边或沼泽里的某棵大树上,连续几个小时单腿站在树枝上,显然是打起了瞌睡,但从来不会睡熟。

美洲红鹳

英文名 | *American Flamingo*　　拉丁文名 | *Phoenicopterus ruber*

美洲红鹳

涉禽／火烈鸟目／火烈鸟科／火烈鸟属

1832年5月7日，当我在佛罗里达半岛东南部海岸外的众多小岛屿旅行时，第一次看到了一群美洲红鹳。那是一个闷热的下午，傍晚时分的夕阳异常灿烂。靠近地平线的太阳依然璀璨夺目，四周亮闪闪的海面安静而美丽，天空中这儿那儿飘荡着一朵朵轻盈柔软的云，就像镶着金边的雪花。我们的小帆船像被施了魔法一样安静地漂过水面，船头几乎没有漾起一丝涟漪。在遥远的海上，一群美洲红鹳正在飞翔，翅膀展开着，颈项伸起，长长的腿伸向后面。啊！读者，您能想到那时是怎样的情绪在我心中激荡吗！

可是不幸的是，它们大部分都是经验丰富的老鸟。当它们发现了我们的帆船，便滑走了，连翅膀都没有拍动一下，停落在离我们大约400米远的地方，无论是人还是船只都无法靠近它们。然而我一直在观察它们，直到天色暗下来后我们才不情愿地离开，向印第安岛驶去。伊根先生那时告诉我，这些鸟儿习惯在傍晚时分回到进食地，它们在夜里的大部分时间觅食，习性上，相比于其他的鹭科鸟类，更倾向于夜行性。

在海岛上，它们喜欢到访用于晒盐的浅水塘，不过我们去到那里时依然一无所获。据说少数这样的鸟儿会从佛罗里达向东飞行到南卡罗来纳州的查尔斯顿，因此八九年前就有一些鸟儿在那里被捕杀。在密西西比河河口，人们并没有见到这样的鸟儿；让我十分惊讶的是，在去往得克萨斯州的途中，我并没有观察到一只美洲红鹳，而且人们肯定地对我说，至少在远至加尔维斯顿岛的地区，这些鸟儿都没有出现过。它们最常到访的是佛罗里达的西海岸以及亚拉巴马州与彭萨科拉接壤的海岸地区；不过他们说，在这些地区的美洲红鹳总是极为胆小，傍晚时候只要在它们的进食地附近躲藏起来，就能轻易地将其捕获。史特罗贝尔博士仅仅在几个小时里就射杀了几只这样的鸟儿。

美洲红鹳总是沿直线飞行，颈项和腿部完全伸展开，每振翅二三十米远就会滑翔上相同的距离。在落下之前，它们通常会盘旋上几分钟，这时候它们美丽的羽毛更加显眼。除非在繁殖季节，它们一般不会停落在海岸上，而是落在浅浅的沙滩或泥滩上的水中，接着涉水走到海岸上。它们行走的样子庄重而缓慢，总是十分谨慎，而且高大的身材也保证它们能看到远处各种敌人的一举一动，因此要靠近它们十分不易。在水面上飞翔时，它们离水面的距离通常不会超过2.4~3米；但是在地面上飞翔时，无论离它们的目的地有多近，它们总是会在极高的空中飞行。

BIRDS OF AMERICA
VOLUME Ⅵ
NATATORES

卷 六

游 禽

加拿大黑雁

英文名 *Canada Goose*　拉丁文名 *Branta canadensis*

加拿大黑雁

游禽／雁形目／鸭科／黑雁属

尽管加拿大黑雁被认为是北方物种，但是终年留在温暖的纬度地区以及美国不同地区生活的鸟儿数量很多，因此加拿大黑雁完全可以被看作是这些地区的留鸟。

3月20日到4月末，我们中部和西部各州的积雪刚刚开始融化，加拿大黑雁就开始了春季迁徙，开始向北方飞去。我认为所有这样的鸟儿在每个春天启程去遥远的北方时就已经完成了交配。这是因为它们夏季栖息的地区天气温暖的日子很短，在它们刚刚养大幼鸟并且长出新羽毛的时候，寒冷的冬天就迫使它们向温暖地区迁徙了。

雌雁产下第一枚卵时，英勇的伴侣就已经昂首挺胸地在它身边站起岗来了，哪怕是微风发出的沙沙声都会让它的羽毛直立起来。稍有动静，它就会发出愤怒的鸣声。要是看到一只浣熊在草丛中走动，它也会勇敢地走到它面前，猛烈地袭击它，很快将它赶走。我甚至怀疑不带着武器的人遭遇加拿大黑雁时是否能够安然无恙地离开。不仅如此，这只勇敢的雄雁还会在十分危险的时候赶走伴侣，自己却坚定地守在鸟巢周围；确定敌人离开后它也会飞起来，大声地嘲笑失落的敌人。

透过卵壳传出了它们的幼鸟小小的声音；那小小的鸟喙在卵壳上凿出了一道道裂缝；接着，毛茸茸的美丽小生命就蹒跚着走了出来。转眼间，这些小家伙们就跟在它们谨慎的亲鸟身后来到了溪流边，母亲已经在它们喜爱的水上浮游，孩子们一只接一只地下了水，很快，这个小家庭就温馨地游动了起来。多么美丽的场景！黑雁妈妈带着雏雁们贴近青草岸边游动；它让一只幼鸟看水草种子，又将一只爬动的鼻涕虫指给另一只幼鸟看。她仔细地避开潜伏着觅食的残忍甲鱼、雀鳝和梭子鱼，又歪着脑袋查看在空中盘旋着觅食的鹰隼。一只凶猛的鹰隼冲向它的幼鸟，眨眼间母亲就钻进水中，它的幼鸟也紧随其后消失了……不久，它们出现在了茂密的灯芯草丛中，只有小小的鸟喙露出水面。黑雁妈妈向陆地走去，同时发出只有它们一家人才懂的柔和的鸣叫声；所有的鸟儿都安全地躲藏了起来，直到鹰隼失望地离开。

6个多星期过去以后，雏雁柔软的绒毛开始变成粗糙的翎羽，翅膀边缘长出了翎毛，身上也长出了坚韧的羽毛。栖息地的食物十分充足，它们也渐渐长大，身材变得肥胖，因此在岸边行走十分困难。这时候它们还不能飞行，因此格外需要注意躲避各种各样的敌人。它们飞快地生长着，很快炙烤的8月就过去了，孩子们已经能从一片河岸飞去另一片河岸。在一个清晨，大地被白霜覆盖，溪流被冰层封冻，这个小家庭与周围的许多家庭齐聚到一起，这个鸟群又与其他的加拿大黑雁群聚集到一起。最后，它们注意到暴风雪的来临，于是雄雁们异口同声地发出启程的鸣声，所有的鸟儿就一起飞了起来。

许多圈的盘旋之后，鸟群升到了空气稀薄的高空中；它们会用一个多小时的时间来教会幼鸟迁徙时队伍的秩序。接着，它们在领头鸟的带领下出发了，队伍时而有着宽阔的头阵，时而又变成了单排的绵长纵队，时而又排成了尖角形的队伍。成年雄雁排在最前面，雌雁次之，雏雁按照力量强弱紧随其后，最弱的鸟儿排在队尾。要是一只鸟儿觉得疲惫了，它就会改变位置，来到另一只鸟儿身后，在这只鸟儿的帮助下继续飞行；有时它的亲鸟也会飞到它的身边鼓励它。

两天、三天，或许更多天以后，它们才会来到一个安全的栖息地。出发前它们身上积累起来的脂肪很快被损耗掉了；它们变得十分疲惫，而且体验着剧烈的饥饿感；现在，它们终于发现了一个宽阔的河口，于是便向那里飞去。它们停落在水上，接着向岸边游去，站在河岸上，凝望四周；幼鸟十分喜悦，而成年鸟儿十分担忧，因为它们知道许多敌人一直在等待着它们的到来。它们小心地来到长满青草的河岸上，在那里找到了食物，消除了饥饿感，恢复了体力。当天光刚刚将深深的苍穹照亮，它们就飞起来，排好队伍，向南方飞去，直到最后在一个安全的地方栖落，并且留下来度过整个冬天。

它们进食的方式通常与天鹅和淡水鸭类相似：将头伸进浅水塘或湖泊河流岸边的水底，将半个身子淹没在水中，也常常会在水中倒立起来。在这些时候，它们从来不会下潜。在田野或草地中觅食时，它们会像家鹅那样侧着脑袋啄咬草叶，在多雨的天气里，它们也会用脚蹼不停地踩踏地面，似乎想将躲藏在地下的蚯蚓驱赶出来。它们尤其喜欢飞落在长满嫩绿草叶的玉米田里，并且在那里过夜，这时候它们往往会对这些庄稼造成极大的破坏。它们的视力和听力都极为敏锐，几乎没有其他鸟儿能比得上。它们充当彼此的哨兵，在鸟群休息的时候，总会有一只或更多的鸟儿在站岗放哨。在牛、马或各种鹿出现时，它们几乎不会害怕，但是当一只熊或者美洲豹出现时，它们会立即发出警报；若是这时候它们在离水面不远的陆地上，黑雁们会立即悄悄飞到水面上，游到水塘或河流中央并且留在那里，直到危险过去。

黑雁

英文名 | Brent Goose　　拉丁文名 | Branta bernicla

黑雁

游禽 / 雁形目 / 鸭科 / 黑雁属

黑雁或许应该被看作一种海洋鸟类，因为它们从来不会出现在内陆湖泊和池塘附近，也不会沿着大河溯源而上，只有在受伤时才会偶尔落在这些地方。因此，它们习惯绕着海角飞行，除非突然受到猎人的惊吓，一般不会径直地飞过一片地峡。

我的朋友巴克曼博士从来没有在南卡罗来纳州看到过这一物种；我也从来没有在密西西比河河口附近的河岸或湖泊上观察到这种鸟儿，在前往得克萨斯州的途中也是如此。在那一地区时，我也没有发现任何人能够提供足够的证据让我相信它们曾经在那里逗留。因此，它们在冬季会去哪里，我也并不知情。

它们的飞行方式与我们其他的鸭类相似，平时飞行速度极慢，而且安静。尽管我常常一次见到几百只这样的鸟儿，但是我并不觉得它们的咯咯叫如威尔逊说的那样，像"一群猎犬的嘶吼"。黑雁性情胆怯，不容易被靠近；它们的游泳能力较好，我多次亲眼看见受伤的鸟儿熟练地潜入水中。它们的食物包括海洋植物以及粗沙砾和贝壳碎片。在走动时，它们的步子轻盈迅速。这种鸟儿十分容易被驯化，那时它们会吃各种谷物，斜着脑袋啄食青草。在圈养时，它们也会繁殖幼鸟。

大量黑雁在北纬地区繁殖，比如在哈德孙湾和北极海的海岸及岛屿上；它们的鸟卵为白色。

这些鸟儿的春季迁徙路线要比秋季更加有规律。托马斯·麦克卡尔洛奇在给我的信中写道："几年前，我们得到了一只翅尖受了轻伤的黑雁。这只鸟儿拒绝吃任何东西，于是几天后就死掉了。不久我们又得到一只同样受了轻伤的鸟儿。一开始它也拒绝吃任何东西，只是会喝一点水；若是一直这样，它不久也会有同样的命运。可是我母亲向它游动的水池中扔了一把未去壳的大麦，这些谷粒很快就被它贪婪地吃掉了。与我们在一起生活的日子里，它只吃这一种食物。"

雪雁

英文名 | *Snow Goose*　拉丁文名 | *Anser caerulescens*

雪雁

游禽 / 雁形目 / 鸭科 / 雪雁属

雪雁的地理分布区域十分广阔。最近，考察队就观察到了许多群向北方迁徙的雪雁。我也在得克萨斯州发现了这样的鸟儿，而在哥伦比亚河上，这一物种的数量也极为丰富。在秋末和冬季，在我到访过的美国的每一个地方，我都看到过这样的鸟儿。

居住在俄亥俄河上的亨德森时，我总是能看到这一物种来到这一地区的池塘上，常常也能在10月初看到雪雁幼鸟，并在两周后看到成年或白色的鸟儿。在向北方迁徙时，幼鸟和成年鸟儿尽管同时出发，却不同时到达，而且据说继续向高北方地区迁徙的鸟儿也是如此。同样奇怪的是，在整个冬季里，这些雪雁也会分开栖息，甚至即便在同一个地区也是如此；幼鸟和成年鸟儿尽管常常在同一片沙洲上休息，但是鸟群之间总是尽可能地保持较远的距离。

在冬季的密西西比河河口，以及墨西哥湾泥泞、多草木的海岸和水湾，甚至得克萨斯州及其西南部地区，灰色羽毛的雪雁数量十分丰富。在多雨的季节里，它们会来到大草原上；在那里，幼鸟和成年鸟儿会一起寻找食物；另外，各种鸭类、鹭科鸟类也会在那里以植物根和青草为食。在路易斯安那州，我常常看见成年的鸟儿在稻田中觅食，将这些植物连根拔起。当雪雁幼鸟刚刚来到肯塔基州——比如亨德森时，它们对人类毫不怀疑，因此很容易被捕获。然而它们变得越来越谨慎，不仅如此，它们似乎还能够把危险的讯息传递给新来的其他鸟群。一段时间后我发现，连最有经验的猎人要捕获它们也是很困难的。后来我又尝试用陷阱诱捕的方法，但是在成功地捕捉了几只鸟儿以后，其他的鸟儿很快又学会了在抓住诱饵的同时自己不被捕捉的技巧。

这一物种的飞行方式强劲持久，在美国迁徙时飞行高度极高，会有规律地振翅，并且排成与其他鸭类相似的线性队伍。它们在地面上的行走能力也很好，步子总是抬得很高；但是它们行走的样子并不如我们常见的加拿大黑雁优雅。栖息在我们周围的雪雁比其他物种更安静一些，除非受伤被追逐，它们几乎不会发出一点儿声音。它们可以轻松地在水中游动，若是被追逐，也可以迅速游走。被白头海雕或其他凶猛的鸟儿追逐时，它们会在水中潜泳上一小段距离。若是在地面上遭遇可能的危险，它们会立即紧靠在一起，晃动脑袋和颈项，朝着相反的方向移动，很快地飞起来，飞上很长一段距离，但是常常在一段时间后又飞了回来。

我无法明确这种鸟儿在多大的时候会长出洁白的羽毛，因为我发觉从圈养的鸟儿那里收获的经验并不可靠。一次，我的一个朋友圈养了一只这样的鸟儿四年，他虽然十分渴望，但却一直没有看到这只鸟儿长出洁白的羽毛。两年后，他还是这样说。然而接下来的春天才开始，它就变成了洁白的雪雁，变化几乎在一个月的时间里就发生了。

理查森博士告诉我们，这一物种"有许多在北极圈内的荒原上繁殖。鸟卵为黄白色，呈规则的椭圆形。幼鸟在8月份就能飞翔；在9月中旬，所有的鸟儿都启程向南方飞去。雪雁以灯芯草、昆虫为食，在秋季还会吃一些浆果，尤其是岩高兰的果实"。

1832年的秋末，我和我的妻子在马萨诸塞州的波士顿散步时，发现了一只美丽的雪雁幼鸟。我们问过许多人后才找到它的主人——一个园丁。无论我出多少钱，他都不愿意把这只鸟儿转让给我。几周后的一个清晨，我的一个朋友跑来告诉我，这个园丁已经将他的雪雁送到了镇上，那天就会将它拍卖掉。我恳求我的朋友去参加这个拍卖会，他就去了；几个小时后，这只雪雁就成了我的财产，拍卖的成交价格是75美分！我们将它与一只沙丘鹤幼鸟一起养在小院中，用洋白菜的茎叶、面包以及其他蔬菜来喂它。几个月后，春天到来，它表现出极大的不安，焦急地想向北方迁徙——和巴克曼博士的幼鸟一样。尽管园丁已经养了这只鸟儿四年，它的羽毛还是没有变成白色，颈下部和大半个背部羽毛依然是深蓝色，如插图中那样。在我们离开波士顿之前，它死去了，这让我们一家人都很难过。不过我们几乎不需要怀疑，它们在灰色羽毛的阶段也是可以繁殖的。

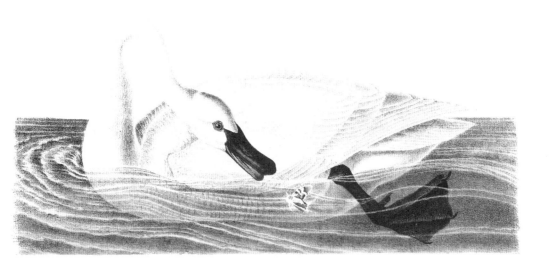

黑嘴天鹅

英文名 *Trumpeter Swan*　拉丁文名 *Cygnus buccinator*

黑嘴天鹅

游禽／雁形目／鸭科／天鹅属

黑嘴天鹅10月末出现在俄亥俄河的下游地区。它们一来到这里，就立即飞到离这条河流不远的大湖泊池塘上，显然对这种四周被茂密植物包围的水域甚是喜欢；它们会留在那里，直到湖水被冰层封冻，才被迫向南方迁徙。在气温变得极低时，大多数到访俄亥俄河的鸟儿会迁徙去密西西比河，并且随着气温的降低或升高而向下游或上游继续迁徙；在我看来，它们总是迁徙去有着不高不低气温的地区生活。我追随着迁徙的鸟儿南下，最远曾去到得克萨斯州。

要想清楚地看到这种美丽优雅的鸟儿，你得悄悄来到它们栖息的幽静内陆池塘边。这时候你会看到，它们的颈项优雅地弯曲了起来，时而向前伸展着，时而轻轻地压在后背上。接着，它们又将头部浸入水中，突然在背部和翅膀上洒满了水；一粒粒晶莹的水珠很快滚落下来，就像许多大珍珠。黑嘴天鹅接着摇动翅膀，拍动水面，仿佛欢乐得晕了头，将身体沉进水中，敏捷而优雅地游走了。读者，试想一下，50只这样的天鹅在你面前戏水——我就多次看到这样的情景——你也一定会像我一样，感到难以言表的喜悦和轻松。

自由自在地游动时，黑嘴天鹅的身体优雅地浮在水面上；一旦觉察到危险，它就会沉进水中。晒着太阳休息时，它会将一只脚怪异地向后面伸展着，一直保持这样的姿势半个小时。在迅速地离开时，它们的膝盖离水面一寸高，从颈下部向身体两侧滑动，在身下荡起微波，就像一艘小船在微风中航行。我只见过在求偶季节时，或者从它们的伴侣身旁划过时，这些鸟儿才会举起伸展开的翅膀，让微风帮助它们前进。

黑嘴天鹅的飞行方式稳定，有时它们会飞得很高而且十分持久。它们振翅的方式与雁类一样，十分有规律，颈项和足部完全伸展着，足部伸出到尾羽外侧。当它们从低空中飞过时，我常常觉得自己听见了它们翅膀活动时发出的沙沙声。在飞去遥远的地方时，它们会排成尖角形队伍，领队的头鸟或许会是一只成年的雄鸟；但是我也看见过一只灰色的鸟儿带领着一支线性队伍，而它一定是当年出生的幼鸟。

黑嘴天鹅将整个颈项和半个身子浸入水中来寻找食物，就像淡水鸭和一些雁类那样。因此，它们的双脚常常倒立在空中，来维持身体的平衡。不过，它们也常常来到陆地上，像鸭类和家禽那样啄食植物。它们的食物包括各种蔬菜根、叶、种子，各种水生昆虫、蜗牛、小型爬行动物等。

住在肯塔基州的亨德森时，我收养了一只雄鸟两年多。一开始它极为胆小，但是仆人们十分慷慨地喂养它，它渐渐也就习惯了，后来也会很温顺地听从我妻子的呼唤，会从她的手中啄食面包。可是每当我们的院门意外打开了，它就会立即启程奔赴俄亥俄河，要再次将它驱赶回家并不容易。一次，它离开了一整夜，我以为它就这样离开了我们；但是我又听说它去了不远处的一个水塘。在我的碾磨工和六七个仆人的陪伴下，我来到了这个池塘边，看见我们的天鹅正在水上快活地游着，丝毫不屑于看我们一眼。我们费了很大劲才成功将它赶到岸边。善良的读者，无论哪一个物种的宠物鸟，几乎都不会完全按照主人的意志度过一生——在一个下雨的漆黑夜里，一个仆人忘记了关院门，这只黑嘴天鹅抓住机会逃走了，从此再也没了音信。

小天鹅

英文名 | *Tundra Swan*　拉丁文名 | *Cygnus columbianus*

小天鹅

游禽 / 雁形目 / 鸭科 / 天鹅属

中部地区有许多小天鹅,遗憾的是我没有机会观察它们。费城善良的沙普利斯博士给我寄来了下面的笔记:

"据富兰克林说,大约9月1日,小天鹅离开北极海岸,飞去哈德孙湾的河流和湖泊(北纬60°);它们在那里栖息到10月份,才准备启程去更温暖的地方过冬。那时候二三十只鸟儿聚集起来,趁着有利的天气条件——风还没有与它们的前进方向相反——飞升到高空中,排成绵长的人字形队伍,大声鸣叫着出发了。无论是在半年一次的迁徙中,还是在一些短途旅行的时候,头鸟都会时不时地发出一声鸣叫,似乎是在问:"后面的小伙伴们还好吗?"后面的某一只小天鹅就会立即大声地回答它:"都很好。"头鸟要使出额外的力气来排开空气,因此一段时间后它会十分疲惫;这时候它就会让其他的鸟儿飞过去,它后面的鸟儿成了新的头鸟,而它则留在了队尾。这些鸟儿有时会在飞行一段时间后升到极高的空中,这时候它们队伍的形状渐渐从湛蓝的苍穹中消失,它们沙哑的鸣声透过云层从遥远的空中传来,变得柔和婉转。刚刚听见这样的声音从天国传来时,你的心中会升起异样的感觉。

"这些鸟儿的飞行姿态比较古怪:它们长长的脖子伸展着,从远处看就像一些末端是黑色的线条,长度占了它们全部长度的一半以上,沉重的身体和三角形的翅膀似乎仅仅是这些线条末端的附属品。在风速适中的时候,它们一个小时能飞行160多千米。我常常会计算它们的速度,发现通常它们的速度是每分钟1.6千米;两只交换进食地的鸟儿在飞过彼此身边的时候,速度常常会是平常的两倍。

"小天鹅常常沿着偏远的内陆地区迁徙,会飞过阿利根尼山脉的最高峰,但几乎不会像雁类那样沿着水流迁徙。在迁徙中,若不是遇上暴风雪,它们几乎不会停留。人们只在极少数时候能看见它们沿着海岸边飞行。10月份和11月份,它们来到冬季栖息地,并且会立即回到当初常去的进食地。它们通常在夜里来到这些地方,接着美餐一顿以弥补旅行中的损耗,并仔细梳理蓬乱的羽毛,同时还会大声鸣叫着互相庆贺诸位的安全抵达——这样的鸣声一直回荡在岸边几个小时，宣告着小天鹅的回归。除非天气突然变得极为寒冷，它们不得不向南方迁徙，一般来说它们会一直留在这里，直到春回大地才再次迁徙。3月份它们再次聚集起来，在一个夜里，纷纷搅乱平静的水面，走进水中沐浴梳洗，并且不断地交谈商议着，搅醒了邻居们的清梦；伴着第一缕天光和它们不怎么悦耳的鸣声，它们就出发北上了。

"冬季的时候，切萨皮克湾是它们很好的栖息地。附近的河流也是食物丰富的进食地。在世界上任何一个地方，我都没有见过小天鹅为了食物和躲避危险而潜入水中，它们总是选择去捕食那些伸一伸自己的脖子就能碰到的食物。我常常连续几个小时坐在离几百只小天鹅很近的地方观察它们的习性和特点；但是我从来没有看见过一只小天鹅完全没入水中，虽说有些时候它们会将头伸进水中五六分钟。

"它们最喜欢的食物是美洲苦草、蠕虫、昆虫和贝类；我相信它们从来不会试图去捕捉鱼类，无论自己有多么饥饿。雁类和天鹅常常在一起进食，但是却从来不一起飞翔。

"这些鸟儿总是十分小心：若是三只鸟儿在一起觅食，那么总有一只鸟儿在放哨；一旦有危险靠近，它就会发出某种无声的警告——我从来没在这样的时候听见它们发出声音。

"无论它们有多么吵闹，一旦有一只鸟儿给出了警告，所有的鸟儿都会立即安静起来，支起脑袋检查四周；若是需要逃走而情况又不是十分危急，它们会选择下水游走。若不是被船只逼得紧，它们几乎不会飞走；但是一旦从水上飞起来，它们总是先大声鸣叫，而飞落时，尤其当飞落在其他鸟儿中间时，它们则会发出一声类似"你好吗"的鸣声。甚至在翅膀受伤时，它们也能飞快地游动。这时候，即便是划船能手划着一艘结构精良的船，也未必能追上它们。一位居住在切萨皮克湾的先生告诉我，几年前他打伤了一只小天鹅，治好伤后又驯化了它。为了防止它飞走，这位先生剪断了它的翅膀，但是它还是时不时地逃到水中。两个桨手常常要划船几千米才能追上它。人们常常看见没有受伤的鸟儿围绕在这只残疾的鸟儿身边，催促它逃走，推它向前；我也听可信的人说，它们被观察到站在一只受伤的天鹅两侧，架起它受伤的翅膀，几乎带着它们深爱的对象从水上飞走。

"小天鹅需要5～6年的时间，身体和羽毛才能完全成熟。1岁大的幼鸟，大小只有成年鸟儿的1/3，羽毛为深铅色。我检查过的最小的一只小天鹅在我的面前被射杀，它只有3.6千克重。它的羽毛颜色很深，鸟喙极为柔软，是美丽的肉色。我猜测这只鸟儿只有1岁大，因为就在当天我也射杀了一只鸟儿，那只鸟儿的羽毛颜色没有那么深，鸟喙为灰白色，体重有5.4千克。长到第三年的幼鸟，鸟喙变成黑色，羽毛的颜色变得更浅，只是头顶和后颈的羽毛颜色要等最后才变化过来。6岁大的小天鹅已经与成年鸟儿没有什么区别了。"

绿头鸭

英文名 | *Mallard*　　拉丁文名 | *Anas platyrhynchos*

绿头鸭

游禽 / 雁形目 / 鸭科 / 鸭属

善良的读者，当我告诉您许多绿头鸭在密西西比河附近的湖泊上，甚至在肯塔基州、印第安纳州和伊利诺斯州的低洼地上繁殖，请不必惊讶。

看，绿头鸭漂浮在湖面上；看，它高抬的脑袋闪烁着翠绿色的光泽，琥珀色的眼睛在阳光中璀璨如宝石！与它的那些在你的禽舍里蹒跚走动的亲戚们相比，它的每一个动作都是那么轻灵！它的样子是多么优雅，它的羽衣是多么整洁！家养的鸭子是一群苦役的后代，早已经失去本来的风貌：它们极少使用翅膀，因此几乎已经飞不起来了。而自由生长的绿头鸭，你看它轻轻一弹跳，便轻盈地飞了起来，眨眼间消失在树林上空。

在9月中旬和10月1日之间，或是橡果和山毛榉的果实刚刚成熟的时候，绿头鸭就来到了肯塔基州和西部各地区。鸭群似乎在一位有经验的头鸭的带领下，径直来到水上。它们的翅膀发出窸窸窣窣的声音。而其他鸭群似乎对这一地区的安全性感到不安，于是寂寂无声地在四周和上空盘旋了许久，然后才飞落下来。但是它们一来到水上，就都立即洗起了澡，用翅膀拍打着身体，不断潜入浅浅的水面下，做出许多奇怪夸张的动作，甚至让你以为这些绿头鸭发疯了。之所以会有这些活泼敏捷的举动，是因为经过了一天一夜的艰难旅行后，终于发现了这样一片天气温和、食物充沛的水域，它们既十分兴奋，又有必要洗洗风尘和藏在羽毛下面的讨厌害虫。梳洗过后，它们才会去填饱饥肠辘辘的肚子。

零零散散的队伍来到植物丰美的水边。看它们如何跳起来压弯高大的芦苇；它们所经过的草丛中，鼻涕虫和蜗牛有难了！一些绿头鸭开始搜索下面的淤泥，对水蛭、青蛙或蜥蜴发起了进攻；而许多成年鸭则跑进了树林中，用山毛榉果实和橡果来喂饱自己。这时候，发现这些侵略者的山林鼠仓皇地朝洞穴跑去，绿头鸭自然也不会拒绝这送上门来的食物。要是你就在附近，这些时候它们的嘎嘎叫几乎会将你的耳朵震聋；但是一旦某个不寻常的敌人出现，它们会立即安静下来。它们伸长了颈项，焦急地看向四周，然而并没有什么危险——那只是一头和它们一样喜欢吃橡果的黑熊；它正在用鼻子翻动新落地的树叶，或推开一根腐烂的木材寻找蠕虫。

绿头鸭在密西西比河或密歇根湖的岸边以及宾夕法尼亚州的斯古吉尔河岸边美丽的草地上繁殖。它们在隆冬时节就开始配对：在自己周围收集起许多青草，建起一个乱蓬蓬的巢穴；接着产下 7~10 枚卵。它们从自己身上啄下最柔软的绒毛，放在巢穴中，接着就开始了漫长的孵卵工作。它们只有在十分饥饿的时候才会暂时离开，去寻找一些食物。

大约 3 个星期以后，雏鸭开始在鸟卵中叫起来，经过一番激烈的挣扎，它们终于破壳而出了。多么迷人的生物！看，它们用小小的鸟喙弄干了自己的绒毛外衣！接着，孩子们排起长队，一只接一只跟在它们快乐的鸭妈妈身后来到水边。它们喜欢上了游泳和潜水，似乎为来到这个世界而感到喜悦。鸭妈妈教会它们如何捕捉随处可见的小昆虫、苍蝇、蚊子以及在水面上或打圈或迂回曲折掠过的、令人眼花缭乱的甲虫。若是在水上遇到危险，它们会迅速朝岸边游去，或者潜入水中藏起来。6 周后，那些从凶猛鱼类和甲鱼口中侥幸活下来的雏鸭已经长了起来：翅膀上长出了翎羽，身上长满了羽毛；但是它们仍然都还不能飞翔。这时它们就像成熟的鸟儿那样，将半个脑袋和颈部伸进水中捕食。在叶子的色彩开始变化时，小绿头鸭已经可以自由地飞翔了，这时候成年雄鸭才来到雏鸭群中。

绿头鸭的飞行方式迅速、强劲而持久。无论是在地面上还是在水上，它们都能一跃飞起，并且几乎垂直着飞上 10~15 米远。若是在树林中，直到飞至树冠上空，它们才会开始水平飞行。若是受了惊，它们总是先呱呱叫上几声才起飞；但是在其他时候，它总是静悄悄地离开。若是要远行，它们翅膀的呼啸声在很远外就能听到，在宁静的夜里会更加清晰。我认为它们的飞行速度是每分钟 2.4 千米；而且我十分确定，在长距离迁徙时，它们最快每小时可以飞 193 千米。

美洲绿翅鸭

英文名 *American Green-winged Teal* 拉丁文名 *Anas carolinensis*

美洲绿翅鸭

游禽 / 雁形目 / 鸭科 / 鸭属

绿翅鸭这一名字在我看来并不合适，因为它们翅膀上的绿色并不比其他几种鸭更多；事实上，许多鸟儿被赋予了奇怪的名字，无论在英文、法文、荷兰文还是在纯正的拉丁文中都是如此。还有许多鸟儿每年都被赋予比原来的名字更加奇怪的新名字。

绿翅鸭是一种淡水鸟类，极少会出现在海湾、小溪或咸水湖上，不过有时它们也会在这些地方栖息几天。它能像绿头鸭和其他一些物种一样，将半个身子浸入水中觅食，它们也因此拥有相对较长的颈项。它们的食物主要包括漂浮在水面上或长在水中的植物种子、小橡果、落叶或浆果，以及水生昆虫、蠕虫和小蜗牛。我从来没有在它们的胃中发现过蜥蜴、水蛭、鱼类或小蝌蚪。因此，这一物种的食物比其他几种鸭类更加单一。

在陆地上时，绿翅鸭行走的方式要比林鸳鸯之外的我所熟悉的任何其他物种都更轻松优雅。它们奔跑的速度很快，双蹼不会像许多其他物种那样互相纠缠磕绊；在水上，它们也能同样轻松地游动，有时速度极快，即便受了轻伤，它们也能以十分值得称赞的方式潜入水中。

这一物种更多地在内陆地区迁徙，而不常常沿着海岸边迁徙。

当看到这种鸟儿在水上游动或梳理羽毛，我便耐心地观察和跟踪它们，最后竟意外地在附近找到了它们的鸟巢。我一共发现了3个巢穴，它们离水边都有五六米远。我两次走到离巢穴十分近的地方，几乎碰到巢中的鸟儿；它在惊吓中飞起来，在我周围飞舞，然后落到了水上。我饶有兴致地观察了这些巢穴：巢穴外层是稀疏的青草，周围混杂着泥巴和植物茎秆，高度有10~12.6厘米；少量绿翅鸭绒毛和羽毛稀稀疏疏地铺在鸟巢底部。我在一个巢穴中发现了7枚鸟卵，另一个9枚，第三个之中只有5枚。这些巢穴都是7月份在格林湾附近被发现的。

帆背潜鸭

帆背潜鸭

游禽／雁形目／鸭科／潜鸭属

著名的帆背潜鸭的栖息地，分布在密西西比河河口与哈德孙河或北河之间的地区。据理查森博士说，帆背潜鸭在皮毛之国，从北纬50°到最北部边疆的所有地区中都有繁殖。

在10月20日到12月末之间的这段日子里，它们来到新奥尔良地区；8～12只鸟儿聚集到一起，有时候也仅仅是一个小家庭；它们不像其他鸟儿那样大群集结，而是小群在一起过冬。然而在春天回归时，这些小鸟群就聚集起来，在4月1日浩浩荡荡地启程离开。留在这里的时候，它们喜欢停落在开阔地带的潮湿草原和泥泞水塘上，以各种植物为食；其中格外招它们喜欢的，是野燕麦和荷花。

据第一个描述了这一物种的亚历山大·威尔逊说，它们是在秋季的10月15日来到中部各州的。不过最近的作者们说："除非北方的天气变得十分寒冷，它们几乎不会在11月中旬以前露面。"我完全同意这一点，相信它们的迁徙活动是在内陆地区完成的。要是这一点完全得到确认，那么这就证明这一物种不会像大部分鸭类那样在秋季和冬季一直向南方迁徙，而是横向迁徙来到我们的东部各州；它们会留在这里，直到气温低得让它们无法承受，才会第二次迁徙，然后来到更温暖的地区，并留在那里度过剩下的冬天。

尽管这一物种飞行时看上去与较大的海鸭同样吃力，但是帆背潜鸭的飞行速度极快，而且飞行方式强劲有力，常常能在极高的空中持久地飞行。它们在水中能够迅速灵活地游动，在面临危险时更是如此；它们的潜水能力也毫不逊色。尽管它们在水中很灵活，但是来到陆地上时，它们却显得十分笨拙。它们的食物随着季节和地理位置的变化而变化。据说帆背潜鸭和几个其他物种一样，都喜欢一种叫作苦草的植物。在切萨皮克湾的源头，帆背潜鸭就以这种植物为食；但是在其他地方这种植物并没有那么丰富，因此它们不得不吃鱼类、蝌蚪、蜥蜴、水蛭、蜗牛，以及各种它们能找到的种子。

斑脸海番鸭

英文名 *Velvet Scoter*　拉丁文名 *Melanitta fusca*

斑脸海番鸭

游禽／雁形目／鸭科／海番鸭属

斑脸海番鸭大约在9月1日从北方沿着中部各州的海岸到来，接着根据天气的状况继续向南方前行；它们最远常常能飞到佐治亚州。在切萨皮克湾以及所有向东流去的水域上，栖息着许多这样的鸟儿，与它们同时栖息在这些地方的还有黑脸番鸭、鹊鸭和其他一些物种。栖息在我们的海岸上时，它们几乎不会到淡水水域去，因此斑脸海番鸭当然属于一种海鸭。

4月初，喜欢群居的斑脸海番鸭就大群聚集了起来，等待着向北方繁殖地迁徙；在它们迁徙期间，你或许可以在很短的海岸线上看到几千只这样的鸟儿；每个斑脸海番鸭群中有20～30只成员，一个个互相追逐着；它们在低空中不依固定路线飞行，排成尖角形的队伍。在芬地湾时，我和同伴们曾去到一个突出的海角。在我们留在那里的那段时间里，从白天直到夜晚，这些鸟儿正经过这个海角飞向远方。海上吹来狂暴的海风时，这些斑脸海番鸭才会靠近海岸边，这为喜欢猎杀这种鸟儿的猎手们带来了很好的机会。

走近拉布拉多的海岸时，我们发现水面上漂浮着密集的斑脸海番鸭群；然而在接下来的几天里，仍然有许多鸟群从圣劳伦斯赶来。这些斑脸海番鸭的数量之多令我们惊讶，我们甚至怀疑全世界的斑脸海番鸭都来到了面前。这时是6月中旬，当年的季节变化得慢了一些；一些渔民告诉我们，要是天气更暖和，这些鸟儿在2周前就会到来。大部分鸟儿仅仅在这里停留了几天，就继续向北方迁徙了；但是仍然有一些鸟儿留在了拉布拉多的南部海岸上。

孵卵期一开始，公鸭就会离开母鸭。在拉布拉多繁殖的鸟儿于6月初开始筑巢——7月28日我捕获了一些只有几天大的幼鸟。巢穴建在离小湖边近1米的地方，离海边有1.6～3.2千米远；它们常常建在灌木低处的树枝下，材料是灌木的嫩枝、苔藓及其他各种植物；巢穴大而几近扁平，有10厘米左右厚；鸟卵下面铺垫着一些雌鸟的羽毛，但没有铺绒毛。母鸭通常会产下6枚卵，大小与绒鸭和王绒鸭的卵相似。

少数斑脸海番鸭在大马南岛以及芬地湾的其他地方繁殖，但是几乎不会继续向南，留在拉布拉多地区的鸟儿数量相对很小，我们观察到的幼鸟也不超过六七窝。在8月中旬，它们通常会离开这片海岸。

　　斑脸海番鸭的飞行方式强劲而持久，不过它们通常飞得很低；然而若是被追逐或是看见了船上的猎手，它们常常会升到四五十米的高空中，在飞行中画出许多美丽的弧线，并且一直在这样的高度上飞行，直到危险过去。飞行时，它们会连续不断地振翅；这时，白色的翅膀与其他部分深色的羽毛形成了美丽的对比。它们在水中也能像绒鸭和黑脸番鸭一样灵敏地下潜；受伤的斑脸海番鸭同样难以被捕获，如果要一枪将它们杀死，也是一件不容易的事。

普通秋沙鸭

英文名 | *Goosander*　　拉丁文名 | *Mergus merganser*

普通秋沙鸭

游禽／雁形目／鸭科／秋沙鸭属

普通秋沙鸭是我们的一种常见鸟类，大量的普通秋沙鸭栖息在纽约州、马萨诸塞州和缅因州。令人惊异的是，这种坚强的鸟儿在冬季最寒冷的时候栖息在我们的东北部各州，同时竟也有一些秋沙鸭出现在西南部地区(比如得克萨斯州)。这远远超出了我的理解能力。

秋沙鸭是一种十分活跃强壮的鸟儿。它们游得很深而且速度极快，逆流前进时也是如此；它们通常更喜欢流动的水域，哪怕是水底铺满沙子或鹅卵石的浅水处。繁殖季节，它们会回到内陆湖泊上，不过它们几乎不会出现在泥泞浑浊的水域或静止不动的死水上。和鸬鹚一样，它们拥有背部朝下潜水的本领，而且可以熟练地下潜，时常能在水下停留好几分钟。它们常常会在河岸边逆流游动或潜水，从浮冰下面潜水通过。秋沙鸭极为贪食，因此被它们消耗掉的鱼类数量极大。我在秋沙鸭的胃中发现了一些17厘米长的鱼和许多更小的鱼，这些食物足足有226克重。它们的消化能力极强，10厘米长的鱼，我圈养的秋沙鸭一次要吞吃两打多，每天这样进食4次，然而还总是一副饥饿的样子。传说这种鸟儿在陆地上会表现得很笨拙，但这只是一个谣传；因为我在春季亲眼看见一些求偶的公鸭灵活地跑上了五十多米远，而且身体几乎一直保持直立。我还在密西西比河的沙洲上观察到一群(七八只)公鸭互相凶狠地追逐着。然而，在其他时候，它们并不喜欢走动太多，通常仅在海岸上蹲伏着休息。有时秋沙鸭似乎一下子就能从水面上飞起来，但在其他时候它们起飞的样子则很笨拙，双蹼不停地拍动水面，跑上许多米远才艰难地起飞。或许受惊吓或大风会给它们带来不同的表现吧。它们通常都是在微风的帮助下起飞。

秋沙鸭的飞行十分强劲有力，而且与红胸秋沙鸭和棕胁秋沙鸭同样迅速。当在一定高度的空中平稳飞行时，它们的飞行路线几乎平直，速度极快。因此，若是在这时突然看到了猎人，这些鸟儿也很难即刻减速来躲避危险。我清楚地记得自己经历过几次这样的情形。一次，一只秋沙鸭径直地沿着一条溪流逆向朝我飞来。我在合适的时候瞄准它并开枪射击。它的速度极快，所以在中枪之后依然向我飞了许多米远。无论秋沙鸭群有多庞大，它们总是同时从水面上飞起来；它们用双脚和翅膀拍击水面，伸长脖子，然后快速跑上二三十米远，根据周围环境的条件排出先头部分宽阔的队形或直线队形。它们慢慢飞到和树木一般高的空中，接着又飞出去很远，不过它们常常还会回到这个地方。它们似乎只要在飞落前尝一口水，就能知道这片水域中的食物是否丰富；若是足够满意，它们就会张开鸟喙，似乎深吸了一口气，接着立即潜入水中。填饱了肚子之后，它们会到水边的沙丘上，在那里休息，直到消化完食物。

秋沙鸭常去繁殖的岛屿大多都很小，这样似乎是为了让孵卵的鸟儿在危险出现时立即回到水上。鸟巢很大，建在一堆枯萎的水草上，有时有18～20厘米高。鸟巢用植物须根整洁地编织而成，边缘有一圈这种鸟儿自己身上的绒毛。内巢直径有19厘米，深度有10厘米。巢穴中的卵几乎不会超过7～8枚。幼鸟起初长满了软毛，头部和颈部的软毛为红棕色，身体为浅灰色。在孵化几个小时后，它们就能跟在亲鸟身后下水了。它们是高超的潜水能手，也能在水面上快速地奔跑；但是在将近两个月的时间里它们都不会飞翔，这时候它们通常都很肥胖，稍被追逐一会儿就会疲惫。因此这时它们会来到海岸上，躺下来，甚至听任你来抓它们。

头两年，幼鸟的羽毛一直与它们的母亲相似，只是雄性幼鸟的体型要大一些。

秋沙鸭的鸣声刺耳，在受惊或求偶时，它们也会嘶哑地呱呱叫。雌鸟通常不会鸣叫，但若是自己和幼鸟们受到了敌人的追逐，它同样也会刺耳地鸣叫一番。

普通鸬鹚

英文名 | Common Cormorant　　拉丁文名 | Phalacrocorax carbo

普通鸬鹚

游禽／鲣鸟目／鸬鹚科／鸬鹚属

看看你面前的这些鸟儿，注意站在它心爱的小鸬鹚旁的鸬鹚妈妈那深情的眼神！我多么希望你能像我在拉布拉多时那样，亲眼看看这群鸟儿的一举一动。我似乎仍然能看见圣劳伦斯咆哮的巨浪翻滚而来，撞上那巍峨高耸的崖壁，巨大的浪花裹挟着白色泡沫在空中飞溅起来——鸬鹚的巢穴就建在那里的壁架上。我趴在离波涛汹涌的海面几百米的悬崖上，小心翼翼地朝着它们所在的地方爬去。接着，我发现它们就在我下方几米远的地方。鸬鹚妈妈和它的孩子们正在温柔地互相抚摸着，完全没有察觉到正在靠近的我。能亲眼看见它们的深情和满足，听见它们咿咿呀呀的鸣声，观察到它们膨胀的喉咙的震颤以及脑袋和脖子古怪的摇摆，我是多么喜悦啊！

那是在1833年的7月3日，大约凌晨3点，我幸运地目睹了上面描述的一切。幼鸟起初是深紫灰色，样子十分笨拙，腿和脚爪看起来相当大。在不到2个星期的时间里，它们的上体表就长出了棕黑色的绒毛，但是腹部依然要裸露很久。它们生长得很快，在6~7个星期大时就长出了飞羽。1个月大的鸬鹚平均有1.3千克重，即将学会飞行的鸬鹚有2.6千克重。这一物种的幼鸟像所有的水禽一样，离巢时体重要比它们的亲鸟重得多。我们捕获了几只大小不同的鸬鹚，把它们放在了甲板上；每当有人向它们走近，它们就会抬起头，伸长脖子，张开鸟喙，接着喉咙部位的皮肤鼓了起来并开始震动；与此同时，它们还会发出十分奇怪的嘶嘶的低鸣声，与褐鹈鹕的幼鸟发出的声音相似。它们慢吞吞地向四周爬动，用鸟喙帮助自己前行，不过看上去总是十分笨拙。它们非常乐意接受我们给的食物，食量惊人，每天吃下去的食物显然比它们自己的体重重得多，而且随时准备吞下更多食物。

鸬鹚在水中游动时，身体完全没入深水中，速度有时十分惊人。在察觉到危险时，它们时不时会沉进水中，只将脑袋和脖子露出水外，就像美洲蛇鹈那样。在清澈的浅水中寻找食物时，它们会将脑袋插入水中，尾部留在水面上，就像琵嘴鸭那样，仿佛正在寻找水底的食物；但是我从来没在有几米深的水域观察到这些鸟儿做出类似的行为。它们潜入水中，在水下追逐猎物；这时候翅膀半伸展开，用来划水，而尾羽则被用来调整方向和速度。我从来没有见过飞行中的鸬鹚会跟着猎物投入水中；但是我多次看到它们被枪击时，会头向下从岩石上跌落进海里。

鸬鹚、鹈鹕、鸭类及其他各种水鸟与陆禽一样，有时也会生寄生虫。这些害虫躲在它们的毛发根部，为了清理掉它们，这些鸟儿会用翅膀拍打自己周围的水，竖起所有的羽毛，同时用脚爪抓挠自己。清洗完毕后，这些水禽来到阳光下晒干自己，接着理顺自己的羽毛。

它们总是返回同一个地方过夜，有时几百鸟儿会一起飞过不同的进食地，来到同一个休息处。尚未繁殖幼鸟的鸬鹚与其他的鸟儿分开过夜，它们来到最高的岩石壁架上，依次排开，几乎站直。然而在冬季我观察到，波士顿附近有一些鸬鹚就在它们进食地上方的岩石岛屿上独自过夜。它们的捕鱼场通常就是岩石岛屿凸起一角下面的涡流。它们总是胆小而机警：当它们白天聚集在一起觅食时，你要靠近在捕鱼的鸬鹚几乎是不可能的，因为它们总是一只接一只地下潜、出水，因此总是有一只或几只鸬鹚在站岗放哨。试图去追逐一只受伤的鸬鹚通常也是徒劳的。

这一物种的飞行强劲有力、迅速，而且极为持久。它们通常在不高不低的空中飞行，队伍经常排成一条线，时不时也会排成三角形。在岩石上，它们尾部着地直立着，颈项优雅地弯曲着，放在两翼之间。这时候若是有几百只鸬鹚，那么它们像极了一片黑色的多米诺骨牌。若是受到惊吓，它们会伸直脖子，扭动脑袋观察你的动作；要是你靠近它们，它们就会慢慢抬起并展开翅膀，竖起尾羽，向前倾斜身体，接着无声地飞走。

所有的鸬鹚都是以各种鱼类为主食。要是捕捉到了一条一口吞不掉的大鱼，它们就会飞到岸边或者树枝上，然后将它撕成碎片。有时候它们无法顺利地吞下一条鱼，不是猛烈地晃动脑袋，将这条鱼吐出来，就是强行把它咽进胃中。我们在拉布拉多养过几周的幼鸟都会做出上面的两种行为，但是通常多见的还是第一种。这一物种擅长将捕获的鱼儿抛到约0.3米的高空中，接着张开鸟喙让它顺利地落进自己的嘴巴里。我还观察到一些家养的鸬鹚也有类似的本领：当你在几米远外向它们扔食物的时候，它们能够迅速精确地摆好脖子和鸟喙的位置接住食物，十几次中也难得失误一次。

　　鸬鹚行走的样子左摇右摆,十分难看,但是它们的速度极快,能够在翅膀的帮助下从一块岩石跳跃到另一块岩石之上。有时尾羽像一根很好的弹簧,可以帮助它们弹跳。

美洲蛇鹈

英文名 | *Anhinga*   拉丁文名 | *Anhinga anhinga*

美洲蛇鹈

游禽 / 鲣鸟目 / 蛇鹈科 / 蛇鹈属

那些或是沿着密西西比河溯源而上，或是到访南北卡罗来纳州的美洲蛇鹈，早在4月份就来到了各自的栖息地——在一些年份中，甚至在3月份就出现了，通常在11月初才离开。尽管这一物种时常出现在海洋附近，有时也会在离海岸不远的地方繁殖，但是我从来没有见到一只美洲蛇鹈在海水中捕鱼。它们显然更喜欢河流、湖泊、河湾和内陆水塘，但它们总是栖息在平坦和低洼的地区。一个地方越是隐蔽和安静，美洲蛇鹈就越是喜欢留在那里。事实上，它们几乎不会来到湍急的溪流上，我仅仅观察到一次这种罕见的情况。它们更钟爱清澈平静的水面。每当你观察到一只美洲蛇鹈，再看看它四周的环境，你就会发现，它们总是为自己预备好了逃生通道：在一个四周被高大树木环抱的水塘上，你永远不会发现这种鸟儿，因为在这样的地方，它们无法迅速逃走；相反，在周围是深深的沼泽而中央附近又生长有高大树木的水塘中，尤其容易发现这种鸟儿，因为这样的环境既不容易让敌人们靠近，又容易发现敌人的踪影。美洲蛇鹈不会像鱼鹰和翠鸟那样从高处突然投入水中捉捕猎物。尽管它们偶尔也会从栖落的地方无声地坠入水中，但是这样做的目的仅仅是为了之后像鸬鹚那样在水中游动并下潜。

美洲蛇鹈并不总是群居；有时候，尤其在冬季，8只或更多只美洲蛇鹈会聚集到一起，而在繁殖季节，每对美洲蛇鹈又单独行动。在佛罗里达最南部的内陆地区，我几次在同一片湖水上看到大约30只美洲蛇鹈。在探索整条圣约翰河时，我有时也看到了几百只这样的鸟儿在一起。我在这条河流及其附近的湖泊上、布洛先生在半岛地区东部种植园附近的湖泊上捕获了许多美洲蛇鹈。我观察到美洲蛇鹈的幼鸟和鸬鹚的幼鸟一样，会独自成群活动，在羽毛成熟后的春天才加入到成年美洲蛇鹈群中。

美洲蛇鹈总体上说是一种昼行性物种，而且与鸬鹚一样，除非受到打扰，它们总是喜欢在每天傍晚回到同一片栖息地上过夜。它们并不会离彼此很近，而是根据树枝的长度保持几十厘米或几米的距离。在休息时，它们的身体几乎直立，而且为了更好地承担身体的重量，它们从来不会将跗跖骨弯曲起来；它们的脑袋舒服地藏在肩羽中，有时会发出呼呼的喘息声。下雨的时候，它们常常在栖息地度过大半个白天，身体直立，脖子和脑袋向上伸开，一动不动，仿佛要让雨水从它们的羽毛上滑落。它们也会突然竖起羽毛，猛烈地甩动身体，然后又理顺羽毛，重新摆出奇异的姿势。

美洲蛇鹈奇特的外形、长长的翅膀、扇形的大尾羽，都让看到它们的人立即想到它们天生具备高超的飞行能力，而怎么也不会想到大半个白天它们都是在水面上度过的，因为这些在空中称得上是优点的特点在水中怎么看都会是阻碍。然而事实与这样的猜测究竟有多少不同呢？美洲蛇鹈事实上是最好的淡水潜鸟。在你眨眼间，它就消失在了水面下，甚至不会在水面上留下一丝涟漪；当你的目光焦急地四处寻找这只鸟儿，你会惊奇地发现它在几百米外露出了脑袋，接着一瞬间又消失了。

美洲蛇鹈消耗的鱼儿数量惊人。一天早上，巴克曼博士和我给一只美洲蛇鹈喂了一条长24厘米、身体直径达5厘米的黑鱼。尽管这条鱼的头部比身体还要大得多，坚硬多刺的鳍片看起来十分可怕，但这只大约7个月大的鸟儿还是将它头朝下整个吞了下去。看上去它只用了一个半小时就把这条鱼消化掉了，然后它又吞掉了3条小一点儿的鱼。另一次，我们把许多19厘米长的鱼放在它面前，它就一次接连吞下了9条鱼。它还能一次吞下40多条8.9厘米长的鱼。我们几次用比目鱼来喂它，在吞咽10厘米宽的鱼儿时，它会努力张大喉咙，拼命将这些鱼儿挤进胃中。它似乎并不喜欢鳗鱼，因为它总是将鳗鱼留到最后才吃；将它们吞进嘴里后，它似乎很难完全将鳗鱼咽下去，接下来的一段时间里似乎充满了挫败感；不过不久之后，它又重新努力起来，并最终将鱼儿咽了下去。当我们把它带到我朋友的花园水池中时，它会时不时地带着一条小龙虾潜出水面，接着用鸟喙不停挤压摔打这只猎物，显然是想让它失去抵抗能力。每当捕获一条鱼，在吞下食物之前它似乎都会重复一番这样的动作。

美洲蛇鹈在树枝上走动的样子十分笨拙；在地面上，它们无论是走还是跑都比较轻松。美洲蛇鹈的飞行迅速，有时也很持久；但是它们也像鸬鹚那样，习惯在离开栖落的地方或水面之前展开翅膀和尾羽,这样就为猎人们创造了很好的开枪机会。一旦飞起来,它们很快就能升到高空,做出美丽的回旋;而在求偶期,雄鸟还会起伏曲折地绕着它心爱的蛇鹈飞翔。

美洲蛇鹈筑巢的环境各有不同:有时在低矮的灌木上;只要足够隐蔽,甚至还会建在离水面2.4~8米的菝葜上;有时也会在大树高高低低的枝条上,不过总是俯瞰着水面。

华丽军舰鸟

英文名 | *Magnificent Frigatebird*　拉丁文名 | *Fregata magnificens*

华丽军舰鸟

游禽／鲣鸟目／军舰鸟科／军舰鸟属

　　华丽军舰鸟可以说和我们的鹭科鸟类一样喜欢群居。在不同的环境中，我们可以看到各种规模的华丽军舰鸟群。和我们的鹭科鸟类一样，在白天的大部分时间里，华丽军舰鸟都在飞翔着寻找食物；填饱肚子以后或者在休息的时候，大群华丽军舰鸟会聚集到一起。它们也同样懒惰、专横和贪婪，总是欺凌弱小的鸟儿，并且一有机会就吞食它们的幼鸟；简而言之，它们是真正的海洋秃鹫。

　　大约5月中旬，50～500对这样的鸟儿聚集起来了。在我看来，对于这种栖息在像佛罗里达群岛这样温暖地区的鸟类，5月中旬这个时间已经很晚了。它们以前在此繁殖过，如今又在这些岛屿的高空中飞翔，连续几个小时进行求偶表演；接着它们就飞回红树林，栖落在树上，并且立即开始修葺旧巢或营建新巢。它们从其他物种的巢穴中掠夺筑巢材料，又飞去附近的岛屿上掠夺更多这样的材料。它们迅速地朝树上的枯枝飞去，接着用强壮的鸟喙轻轻一拉，就轻松地将枯枝折了下来。华丽军舰鸟这样忙碌着的时候，尤其是几只鸟儿在同一个地方忙碌时，它们在树冠上飞来飞去，快得让你都不舍得眨眼睛，生怕错过了这样美丽的场面；它们像用了魔法一样很快就完成了工作。有时，在飞回巢穴的途中，它们会不小心松开了带回来的枯枝；这时若是飞行在水面上，它们会立即掉头下潜，在枯枝落到水面之前衔住它。

　　华丽军舰鸟的巢穴通常建在岛屿的南面。俯瞰着水面的高高低低的红树，是最常见到这些鸟巢的地方。在不同大小的树上，有时会有许多这样的巢穴，有时也仅有一个。鸟巢是用树枝交叉堆叠起来的，高约5厘米，形状扁平，但不是很大。这些鸟儿孵卵时，它们长长的翅膀和尾羽都会伸出巢穴外。鸟卵有2～3枚，更多见的是3枚；幼鸟身上长着黄白色的绒毛，第一眼看上去就像没有长脚一样。华丽军舰鸟通过反刍来喂养幼鸟，但是幼鸟生长缓慢，在学会飞翔之前不会离开它们的鸟巢。

我认为华丽军舰鸟的飞行能力比其他任何一个物种都更加优秀。无论其他的鸟儿飞行速度有多么快，华丽军舰鸟总是玩耍着就能追上它们。要追逐一只绿翅鸭，最快的鹰隼也需要追上0.8千米。而这种鸟儿像流星一样从高空中快速坠落，追赶它那敏锐眼睛早在高空中就已发现的狩猎对象，接着从其两侧冲上去，切断它的所有退路，然后张开鸟喙逼迫这只鸟儿扔下或吐出自己捕捉到的鱼儿。你再接着看它！它来到了离海面45米高的空中，看到了一只海豚正在全速追逐鱼群，接着它就向那里飞去，捕获了一条从它可怕的敌人嘴中逃脱的鲻鱼。可是这条鱼个头太大，完全吞不下去，于是它用力咀嚼，同时飞了起来，直冲云霄。三四只华丽军舰鸟看到了它，观察到了它的胜利。它们展开宽大的翅膀向它冲了过来，绕着大圈平稳地盘旋着，然而速度和它一样快。接着它们来到了同一高度上，每一只鸟儿都追赶上了它，用翅膀拍打它，拉扯它口中的猎物。看呀！其中一只华丽军舰鸟刚刚抢走了这条大鱼，还没等它抓稳呢，鱼儿就掉了下去。另一只鸟儿冲下去接住了它，可是这只华丽军舰鸟立即被其他鸟儿追逐了起来。这条迅速下落的鱼儿划过一个个鸟喙，落到水面上时已经死去了，接着沉入无底的深渊。这些饥饿的鸟儿该有多么失望啊，可是这结果似乎是它们应得的。若是乘船去佛罗里达群岛四周旅行，每天你都能看到许多这样的场景。

　　我常常观察到华丽军舰鸟在飞行中用脚爪抓脑袋；它们常常在从空中下落时这样做。一天，一只华丽军舰鸟这样做着从空中落下来，在它即将落到我头上时我将它射杀了，然后立即将它捡了起来。多年来，我一直想知道鸟儿的梳状脚爪有什么用途；当我用放大镜检查这只鸟儿的双脚后，我发现在这些脚爪上爬满了昆虫。这些昆虫就是寄生在华丽军舰鸟脑袋上尤其是耳朵周围的虫子。我还观察到这一物种的脚爪更长、更扁平，比任何其他物种的脚爪都更像梳子。于是我多年的疑惑终于解开,这样的脚爪专门用于清理那些鸟喙接触不到的皮肤上的寄生虫。

这些鸟儿在夜里视力也很好,不过它们从不会在夜晚来到海上。我发现,即使在夜里受了惊,它们依然能像白天那样美丽优雅地飞动。它们丝毫不胆小;事实上它们似乎意识不到枪支的危险,猎人们枪响后它们并不会集体飞走;只有死伤太多后,它们才明白猎人手中枪支的危险性。它们总是十分安静,我唯一一次听到它们发出的声音,是一声粗哑的哇哇叫。

美洲鹈鹕

英文名 American White Pelican   拉丁文名 Pelecanus erythrorhynchos

美洲鹈鹕

游禽／鹈形目／鹈鹕科／鹈鹕属

大约在30多年以前，我第一次搬去肯塔基州，在俄亥俄河的沙洲以及位于路易斯维尔和希平波特之间那条壮阔大河被岩石包围的湍急河段上，我常常能看到这一物种。不仅如此，几年以后，我在亨德森住了下来，在轻舟溪岛旁著名的沙洲上看到了数量十分丰富的美洲鹈鹕。事实上，我的读者们，当我再一次拿起已被翻烂的笔记，读着这些零零碎碎的文字，就仿佛那些欢乐的日子不是昨天，而是今天。

100只身形庞大的美洲鹈鹕队伍凌乱地站在沙洲边。它们都身着华丽的秋装，这美丽的颜色与每一棵树的叶子交相辉映，就像支离破碎的彩虹染透了俄亥俄河平静得像沉睡了一样的河水。太阳用它柔和的红色光线告诉我印第安的夏天开始了，这个美好、安宁、快乐的季节让每一个热爱自然的生物都体验到了前所未有的、纯正和宁静的生活。吃饱了的美洲鹈鹕安静地梳理着羽毛，等待着饥饿感的再次光临。要是一只美洲鹈鹕偶然张嘴打了个呵欠，仿佛要表示同情一样，其他美洲鹈鹕会一只接一只都张开鸟喙，懒洋洋滑稽地打起了呵欠。

这一物种常常会在海岸边和淡水边寻找食物。1837年4月，在巴拉塔里亚岛上的一个下午，我观察到大量美洲鹈鹕在逆风逆流游动，翅膀半伸展着，脖子伸直，鸟喙上部分露出水面，而下部分像捞网一样不时地拉起来。这时候鸟喙合上并立即向下垂直——水从中流出——接着向上竖起，将鱼儿吞咽下去。在互相平行地径直游了91米后，它们飞了起来，盘旋着重新落回到起初捕鱼的地方，接着又重新劳作起来。我躲藏在大堆木材后面连续观察了它们一个多小时，直到它们捕鱼结束，纷纷飞去另一座岛上。美洲鹈鹕是昼行性的鸟类，显然它们是去那里过夜的。吃饱后，它们来到海岸、河湾或河流中的小岛上，也会栖落在离岸边很远的浅水中漂流的木材上；在所有这些情况下，它们都可能会俯卧下来，也可能紧密地站在一起。

美洲鹈鹕在一天中的大部分时间里都不活跃。它们仅仅在日出后和日落前的一小段时间里捕鱼；不过有时整群鸟儿也会飞到高空中，像美洲鹤和黑头鹦鹤那样做出壮观的回旋舞蹈。它们这样做或许是为了帮助消化，也或许是为了在高处清凉的大气中吹吹风。在地面上，它们有时会迎着风或在阳光下伸开翅膀；但是相比它们，褐鹈鹕更经常做出这样的动作。行走时，它们的样子极为笨拙，而且和我们许多可鄙的人类一样，在面对那些让自己更有优越感的东西时，它们总是摆出不屑一顾的姿态，然后踩上去，将它们踩断。它们飞行的方式与我们的褐鹈鹕相似。一些作者说美洲鹈鹕会飞落在树上，但是我从来没有见过这样的情况。

在我看来，一只美洲鹈鹕每年吞下的小鱼数量十分惊人。当我在东佛罗里达的一个种植园时，一只美洲鹈鹕偶然贴近种植园主的房子飞过，种植园的主人及时开枪将它射杀了。这只美洲鹈鹕还没有成熟，看起来约有 18 个月大。解剖时，我们在它的胃中发现了几百条小鱼苗。

北鲣鸟

英文名 *Northern Gannet*　拉丁文名 *Morus bassanus*

北鲣鸟

游禽／鲣鸟目／鲣鸟科／北鲣鸟属

北鲣鸟完全是一种海洋性的鸟类；若不是被狂风驱赶，它们从来不会进入内陆地区。我的朋友约翰·巴克曼告诉我，1836年7月2日，他来到南卡罗来纳州海岸外的海岛上，在那里观察到了一群(50～100只)北鲣鸟，当时所有这些鸟儿的羽毛都像我插图中的鸟儿那样，这说明它们都才刚度过第一个冬天。它们在科尔岛停留了几天，有时出现在沙滩上，有时在翻滚的海浪中。他还提到他的一个熟人——贾艾斯先生，这位先生十分了解这种鸟儿。他说在前一个夏季，他看见一对北鲣鸟往返于一个建在树上的鸟巢！我以前也从可以信任的人那里听说，佐治亚州的北鲣鸟会在树上筑巢繁殖。这自然是不谋而合的。有时候我还见过一些成年北鲣鸟去到遥远的海上觅食，但是幼年北鲣鸟似乎更愿意留在海岸附近，并在浅水中觅食。

北鲣鸟的飞行方式强劲有力、十分持久，而且有时姿态非常优雅。旅行时，无论天气好坏，它们总是贴近水面低飞，就像褐鹈鹕那样连续振翅三四十次，接着滑行上同样长的距离，颈项向前伸展着，翅膀与身体呈直角。关于它们优雅的飞行姿态，我建议你在乘坐的船离最近的海岸不足480千米时去观察。这时候你会看到这些强大的渔夫伸展着翅膀，在水面上的高空中悄悄划过，在每一股涌起的海浪下面搜寻着；它们轻松快活地飞行着，甚至会让你产生这样的想法："若是我被赋予了相同的飞行能力，那么我就可以轻轻松松地在一个小时里飞上128～144千米了！"

在大风的天气里，我看到过北鲣鸟逆风飞翔，这时候它们侧着或倾斜着身体，像海燕那样勇敢地迅速前进。我想，除了在追逐猎物的时候，北鲣鸟在逆风飞行时速度比平常更快。

在地面上时，北鲣鸟走动的方式十分笨拙，而且它们的步履蹒跚，要在半伸展的翅膀的帮助下才不会被自己绊倒。事实上我们完全可以说北鲣鸟不是在走动，而是在跛行。阳光好的时候，它们喜欢伸开翅膀并像鸬鹚那样不断振翅，同时猛烈地摇动脑袋，还发出它们标志性的粗野沙哑的鸣声。当一群鸟儿在一个崖壁上繁殖时，你能想象这群北鲣鸟开的音乐会吗？坐窝的鸟儿不断重复着刺耳的鸣声，一片喧嚣中又时常掺杂着那些要飞起来的北鲣鸟狼嚎一般的鸣叫。

新建成的北鲣鸟巢穴约有61厘米高，也十分宽阔。筑巢材料是各种海草；有时候这些鸟儿要飞去很远的海上寻找筑巢材料。在圣劳伦斯湾的岩石上繁殖的北鲣鸟，要从大约48千米外的马格达伦群岛上获得海草。它们也像鸬鹚一样，每年都会修葺和扩大自己的鸟巢。每年它们只产1枚卵。

几百只北鲣鸟常常一起来到繁殖地，而且这时它们通常已经配对。很快，它们就会在岩石而不是水面上互相抚抱，完成交配。在雌鸟产下卵后，雄鸟会帮助孵卵，不过它远没有雌鸟那么殷勤；这期间它们总是轮流喂食。刚刚孵化的幼鸟完全裸露，皮肤为深蓝黑色，与小鸬鹚一样，并不好看。它们的腹部和脑袋极大，脖子很细，眼睛还看不见东西，翅膀刚刚发育。3周后再去看它们时，它们已经长大了很多，身上已经长出了柔软浓密的黄色绒毛，只有颈部、短短的大腿和腹部还是裸露着的。这时候亲鸟可以花更多的精力去觅食，会将带回来的鱼儿放在幼鸟身边；不过它们在一天里最多也仅仅给幼鸟喂食一次。奇怪的是，这一阶段的幼鸟似乎根本注意不到它们的亲鸟，尽管亲鸟常常会站在巢穴边并将鱼儿放在它们身边。幼鸟在能够飞翔后才会离巢，接着就会与它们的亲鸟分开，至少在1年后才会回到成年鸟儿的队伍中去。

尽管我在纽芬兰时听说英国和法国的渔民会将幼鸟的肉腌制储存起来用于过冬，但是我没有亲眼见到过这样的事情。而且在我看来，北鲣鸟的肉质恶劣，但凡能捕到其他的鸟儿，人们就不会吃它们。

普通燕鸥

英文名 | Common Tern　拉丁文名 | Sterna hirundo

普通燕鸥

游禽 / 鸻形目 / 鸥科 / 燕鸥属

普通燕鸥5月5日开始在我们中部各州的海岸上繁殖,而在8月份向南方迁徙。同一时间里,大群鸟儿正从加拿大和我们的大湖区沿着俄亥俄河和密西西比河的内陆路线迁徙。当我住在亨德森和后来的辛辛那提时,在9月份我有许多机会观察它们。然而在春季迁徙时,我却没有在任何一条大河或溪流上观察到一只这样的鸟儿。或许是因为这一季节内陆水域附近的气温远远没有海岸边更适宜,因此它们就抛弃了这条迁徙路线。相反在秋季,内陆河流的温度足够高,而且还能为普通燕鸥提供十分充足的各种鱼类食物。因此,这一分布十分广泛的物种的迁徙路线受到气温和食物的共同影响。

为了寻找食物或养育幼鸟,普通燕鸥十分轻快地沿着曲折的海岸线飞行着。慷慨的自然尽可能地为它们提供舒适和愉快的生存条件。相亲相爱的一对燕鸥就像刚刚喜结连理的新郎和新娘一样,肩并肩地飞翔着。空气温和,天空湛蓝无比,在每一个角落里躲藏着的亮晶晶的鱼苗让这对空中的眷侣不知饥饿的味道。一对对鸟儿纷纷找到了暂时的居所,它们飞落下来,悄悄地迈步,尾羽翘起,似乎不愿意被沙子玷污;接着它们就在沙土上挖出洞穴。若是走近,你会发现这个地方都快被它们的卵覆盖了。每个洞穴中有3枚漂亮的鸟卵;若是没有打扰,这时候亲鸟会离开,到傍晚时候才回来,让鸟卵慢慢地吸收阳光中的热量;若是你去到那里,成年鸟儿就会尖叫着飞回来。尽管它们没有办法将你撵走,但是它们会摆出各种各样的姿势,做出各种各样的动作,焦急地恳求你离开。这时善良的你一定会被它们感动,然后心甘情愿地转身离开。不久这些鸟卵就孵化了;亲鸟在飞行中给它们喂食,直到它们能够养活自己。接着,幼鸟会成群地飞走,到另一片海滩上去独立生活。第二年春天,它们又会加入成年鸟儿的队伍,和它们来到同一个地方繁殖。幼鸟的食物主要是小鱼、小虾和昆虫。

北极燕鸥

英文名 | *Arctic Tern*　　拉丁文名 | *Sterna paradisaea*

北极燕鸥

游禽 / 鸻形目 / 鸥科 / 燕鸥属

北极燕鸥轻灵得像一个空气中的精灵，在你头顶和周围的空气中舞动。当你走进它们繁殖的地方看到这些小生物时，你会想到美惠三女神一定教给了它们所有迷人的舞步。它们飞过许多片浩瀚的海洋，对那些让更细心的旅行者停步的危险和困难毫不在意。它们时而飞过某个偏僻的绿岛、小溪或广阔的水湾，时而又飞过大片无垠的海洋；最后它们抵达遥远的北方，在漂浮的冰山中间弯腰捡起鱼虾。它们来到荒凉的沙滩边缘，或者某个多岩石的低洼岛屿；在那里雌鸟和雄鸟并排飞落，互相庆祝经过长途跋涉终于顺利到达目的地。它们并不会在为幼鸟搭建摇篮这个问题上花费精力；不久雌鸟就会产下色彩斑驳的卵，很快小燕鸥就会破壳；几天后，它们跟跄着向水边跑去，似乎不愿意再让亲鸟操劳；它们的翅膀上开始生出羽毛，渐渐地羽毛覆盖了整个身体；最终幼鸟飞了起来，跟在亲鸟身后来到海上。不过，北方短暂的夏季很快就过去了，乌云将太阳笼罩了起来，暴风雪从极地蔓延过来，这时轻快的燕鸥们便启程向南方飞去。

我们到达马格达伦群岛的第二天，天气很美好，不过仍然有一阵大风从西南方吹来。一行人早早到达了这里，其中一些爬上了那些有趣岛屿的最高处；而另一些人则沿着海岸边散步。我们面前是一片干净的沙滩，继续走了不久便看见几十只北极燕鸥投入水中——每次蹿出水面，鸟喙中都衔着小鱼或小虾。直到这时我才算真正熟悉这种鸟儿。在惊叹它们轻松优雅的动作的同时，我心中又十分渴望能捕捉一只这样的鸟儿。我观察了它们的飞行方式、捕食方式，倾听了它们的鸣声。最后，我在焦急和不舍中开了枪——可怜的小东西！鸟群一片混乱和惊慌，它们冲向我们的头顶，发出大声诅咒。然而我们并没有离开，而是尝试了一个奇怪的实验。一只雌鸟被射杀了，它躺在远处的水面上，死了。我没舍得杀死它的同伴。这时它的同伴飞落在它的身上，试图抚摸它，仿佛它还活着一样。当我们把死去的鸟儿扔在水面上时，同样的事情发生过3次。在野火鸡中我也注意到类似的现象。这件事发生在1833年6月，那时所有的北极燕鸥都还没有产卵，不过我们发现它们已经几乎要产卵了。

当我们乘船继续前行，来到拉布拉多荒凉的海岸上时，经过一番搜索，我们在一个刚刚高过海面的小岛上发现了一大群北极燕鸥。许多这样的鸟儿正在孵卵。这些鸟儿要比我们在马格达伦群岛上看见的北极燕鸥年长一些；因为任何一个物种总是年岁越大越急于繁殖，越早地来到夏季栖息地上，它们向北方的迁徙范围也就越广阔。

我们仅仅在美国的东部海岸上发现了北极燕鸥；秋季它们栖息在新泽西以北的海岸上，在早春时候便离开了。冬季的暴风雪刚刚平静下来，它们便开始沿着海岸迁徙。北极燕鸥的卵是味道鲜美的食物；它们会产下3枚卵，但是在繁殖季节之初许多雌性北极燕鸥也仅仅产2枚卵。这一物种在飞行时常常重复地鸣叫。

大黑背鸥

大黑背鸥

游禽／鸻形目／鸥科／鸥属

在拉布拉多荒凉的海岸上，在空气稀薄凉爽的高空中，滑翔着骄傲的霸主——大黑背鸥。它的翅膀几乎纹丝不动，就像一只雄鹰平静而威严地飞行着，傲视着渺小的崎岖崖壁。当它飞过水湾、湖泊或水塘的上空，正在育雏的鸟儿们做好了准备，要为它们的幼鸟去做英勇的抵抗；或者做好了逃生的准备，因为没有鸟儿能战胜这个无情暴君残忍的鸟喙。当它飞过时，甚至连水中的鱼儿也潜得更深了；幼鸟在它们的巢穴中安静了起来，有的则藏进了岩石裂缝中；海鸦和北鲣鸟吓得低着头，而其他的鸥属鸟类既然无法与它相处，就纷纷选择了躲开。

这一物种通常将巢穴建在一些低岛的裸露岩石上——有时在突出的壁架下，有时在宽阔的裂缝中。巢穴的直径大约有61厘米，巢穴内部还铺衬着一些羽毛、干草和其他材料。鸟卵有3枚，我从没有在大黑背鸥的巢穴中看到更多鸟卵。成年鸟儿在幼鸟孵化之前都不会离开巢穴。雌雄鸟儿会轮流孵卵和相互喂食。幼鸟孵化后的第一周，亲鸟会将食物吐进幼鸟的鸟喙中；但是当它们长到一定大小，亲鸟会将食物扔在它们身边。要是有人类靠近，它们会迅速走到隐蔽的地方蹲伏起来。5～6周大小的时候，它们开始下水，很快就能轻松地游动。若是被捉住，它们会像它们的亲鸟那样鸣叫。当它们能够自己谋生时，亲鸟就会完全抛弃它们，成年鸟儿和幼鸟总是各自觅食。

大黑背鸥的飞行方式扎实平稳，有时也十分优雅、迅速而持久。旅行时，它们通常在五六十米高的空中飞行，有规律地不断振翅，样子很轻松，飞行路线平直。若是遇上暴风雨，这些鸟儿会在水面或地面上低低地飞行，迎着暴风飞过去，从不屈服。在温和晴朗的天气里，无论在哪一个季节，它们都喜欢在高空中翱翔；它们会像鹰鹫和渡鸦那样优雅自在地飞上半个多小时。

大黑背鸥的胃口极大，会吞吃除了蔬菜以外的各种各样的食物，甚至连过度腐败的腐肉也不放过。不过它们更喜欢的还是淡水鱼、幼鸟或小四足动物。任何一种鸟儿的卵它们都不会放过,甚至连生病或柔弱的亲鸟也一起吞下。我常常看到大黑背鸥攻击一群跟在鸭妈妈身旁游泳的雏鸭。若是鸭妈妈身形太小,根本保护不了雏鸭,它就会飞起来逃走,而雏鸭也会潜入水中。但是雏鸭再次露出水面时,常常会成为大黑背鸥的食物。有时,躲藏在灯芯草丛中的雏鸭往往能侥幸逃生。欧绒鸭是唯一一种在这种情况下冒着生命危险拯救自己雏鸭的鸟儿。在它的幼鸟藏进水下时,它常常会从水面上飞起来,将大黑背鸥的注意力吸引到自己身上,不断地骚扰它,直到自己的雏鸭在某个岩石下藏起来,它才会朝着另一个方向飞去,留下它的敌人独自消化满腹的失望。但若是大黑背鸥出现时这只可怜的鸭子正在坐窝孵卵,它就会被驱赶走,眼睁睁看着自己的卵被贪婪的侵略者吸食。小松鸡也是大黑背鸥喜欢的猎物,它常常会飞过长满苔藓的岩石去追逐它们,在亲鸟面前将幼鸟整个吞掉。它还会花几个小时去追逐鱼群,而且常常能成功地追上并且饱餐一顿。

尽管大黑背鸥是一个暴君,但它也是个懦夫。看见贼鸥飞过来时,它常常会十分不光彩地悄悄溜走。尽管贼鸥的个头要小一些,但是它们常常散发着无知无畏的凶猛气质,这令残暴无情的大黑背鸥颇为恐惧。

中贼鸥

英文名 | *Pomarine Skua*　　拉丁文名 | *Stercorarius pomarinus*

中贼鸥

游禽／鸻形目／贼鸥科／中贼鸥属

当我们驶向小马卡蒂娜港，在离它只有64.3千米时，我们观察到了一只这样的鸟儿正在靠近我们的船只。它飞行的样子与灰背隼相似，接着像一只鸥属鸟类那样停落在海面上，吞食一块被有意扔下去诱捕它的鳕鱼肝脏。几只小海燕也参与了进来，但是它们还没有来到我们的射程内，而且海浪汹涌，海面很不平静——对于我们的捕鲸船也是一样。7月30日，同行的几个年轻人带给我一只很好的成年雌鸟，我的插图正是参照它绘制出来的。几天后，我们在布拉斯·多尔港遭遇了一场大风，期间我们看到了二三十只中贼鸥，不过它们都没有来到我们的射程内，没有船只能够克服这样狂暴的巨浪。但是我却抓住这个机会观察到了这种鸟儿的一些习性。它们混乱地四处飞舞，但是姿态很优雅，速度也极快，时而对抗一场狂风，时而被风推动并送到很远的地方。许多鸥类也飞来飞去，在这个港口上躲避暴风雨。中贼鸥会追逐驱赶小一点儿的物种，但是从不会靠近大黑背鸥，哪怕是跟在亲鸟后面飞翔的大黑背鸥幼鸟。

我从来没有在美国的海岸上观察到过这种鸟儿。我毫不怀疑这一物种在拉布拉多地区繁殖，因为我在7月份获得的雌鸟就像是那时已经孵化过幼鸟。特明克先生说，它们的巢穴比较粗糙，用青草和苔藓编织而成，建在沼泽地的草丛或岩石上。雌鸟会产下2～3枚卵，端部十分尖锐，为灰橄榄绿色，还有一些黑色的斑点。理查森博士也在《北美动物群》中作了如下陈述："中贼鸥在极地海洋和哈德孙湾的北部河口上很常见。它们以从海水中抛上来的腐烂鱼类和其他动物性食物为食，也会吃掉其他鸥类被逼迫吐出来的食物。冬季它们离开北方，5月份从海洋上飞来，第一次在哈德孙湾露面。"

北极海鹦

英文名 | *Atlantic Puffin*　拉丁文名 | *Fratercula arctica*

北极海鹦

游禽／鸻形目／海雀科／海鹦属

　　我去往拉布拉多地区时，发现在船只周围到处都能看见这种鸟儿，它们时而漂浮在涌起的海浪上，时而又消失在水下。它们潜水的速度极快，有时也会飞起来并迅速飞走，但总是贴近海面。我们越是靠近海岸，越能发现更多的北极海鹦——有时，在方圆2平方千米的海面上到处都覆盖着这种鸟儿。起初我们并没有太在意，但是一旦意识到它们要开始繁殖了，我就开始了调查。下面的内容就是我的收获。

　　我和我的同伴们到访的第一个这种鸟类的繁殖地，是一个小岛。它方圆只有十几平方千米，生长着茂密的青草，看上去很美丽。海岸异常崎岖，海浪很大，我们的船长好不容易才让船安全靠港。我们踏上这座小岛，刚刚走到绿色的草地上，就发现大量北极海鹦出现在眼前：有的受了惊，从我们面前像利箭一样飞了过去；有的在洞口直立站着；而另一些更加胆小的鸟儿则在我们走近时退回了巢穴中。这些可怜的小家伙似乎根本不清楚枪的危险，常常会径直朝我们飞来。但是不一会儿，它们似乎就明白了，于是纷纷小心地躲着我们。我们收获了一些鸟卵，这时幼鸟还没有孵化出来，因此我们心满意足地走开了。土壤十分松软，很容易挖掘，因此许多洞穴能有1.5～1.8米深，不过距离地面不会超过几厘米。当我们走过时，堵住了一些巢穴的洞口，于是这些鸟儿暂时被囚禁了。整个岛屿像养兔场一样被钻了洞，每一个洞穴的洞口都朝向正南。这时是1833年6月28日。

　　北极海鹦在一个繁殖季节里通常只产1枚鸟卵，除非第一枚被破坏或拿走；因此它们一年只养育1只幼鸟。孵化期大约为25～28天。雌雄鸟都会参与挖掘洞穴，它们的鸟喙和脚爪是最好的工具；它们也会轮流孵卵，不过雌鸟在完成孵卵这项工作时更卖力一些，而雄鸟则在挖掘巢穴方面更努力一些。刚刚产下的鸟卵为纯白色，但是很快就会染上黄土的颜色。

　　北极海鹦的飞行方式稳定，有时也很持久，飞行路线通常平直。无论是在水面上还是在地面上，情况紧迫的时候，北极海鹦都能立即起飞，但有时它们也会在起飞前跑上一段距离。有时被追赶得急了，它们也会钻入水中，翅膀半伸展着，在水下离水面很浅的深度上游动；它们有时以这样的方式捕捉猎物，不过有时也会钻入很深的水底去捕捉贝类和其他食物。

小北极海鹦的大部分绒毛为黑色，只有腹部上有一块白色的绒毛。出生几周后，幼鸟的鸟喙才长成成年鸟喙的形状，而且还需要几年的时间才能完全成熟。我检查过几百只这样的鸟儿，发现它们鸟喙的大小和形状都有很大的区别。2岁大的北极海鹦已经长到成年鸟儿的大小，但是它们的鸟喙还会继续生长。

刀嘴海雀

英文名 | Razorbill　拉丁文名 | Alca torda

刀嘴海雀

游禽／鸻形目／海雀科／刀嘴海雀属

相比海鹦和海鸦，刀嘴海雀出现在离海岸更远的地方。而且我相信，相比那些物种，它们能够在更深的水下捕获贝类。我观察过这些鸟儿在岸边捕鱼，那里的水深有27～32米；根据它们在水下的时间，我判断它们潜到了水底才又钻出来。在新斯科舍和圣劳伦斯湾附近旅行的时候，我们始终能看到一些刀嘴海雀。一些鸟儿在马格达伦群岛上产卵。那里的居民告诉我们，这些鸟儿在大约4月中旬的时候来到这里，那时候水面上仍然还结着冰。

我们继续向拉布拉多旅行时，长长的刀嘴海雀队伍时不时地从我们周围飞过，它们离水面只有几米高，路线起伏不平，不断地振动翅膀，常常会飞进我们的射程范围内。有时它们也会在我们四周盘旋，似乎要落下来一样。当时的气温有6～7℃，这些鸟群迅速飞过的景象十分让人高兴；每一只鸟儿都轮流向我们展示它们白色的下体表羽毛，接着又是乌黑明亮的上体表。

着陆以后，我们每天都能捕获一些刀嘴海雀，尽管它们要比其他任何一种海洋鸟类都更加胆小机警。渔民们向我们描述了刀嘴海雀的繁殖地，于是里普利号迅速向那里驶去。在一个美丽的午后，我们看到了那个著名又十分险峻的地方。善良的读者，我多么希望你们也能亲眼看一看这片超乎人类想象的土地：许多惊慌失措的鸬鹚大声鸣叫着从我们头上的天空飞过，远处飞翔着各种海雀和海鸦；我们脚下的苔藓焕发着灿烂的色彩，云雀在高空中甜美地歌唱着，成千上万条鳕鱼似乎充满欢乐地跳出海面。像这样一个海港，我以前从来没有见过；以后恐怕也找不出相似的了。

我们来到一座崎岖不平的小岛上，每人手中都带着一个末端绑了钩子的长木杆。我们将这些长长的工具送进幽深狭窄的岩石裂缝中，从中小心地带出鸟儿和它们的卵。水手的枪声在岩石四周回荡。当我们加入到他们的队伍中时，他们已经在附近的岩石上堆起了许多刀嘴海雀。这些鸟儿会径直地朝枪口飞来，因此要猎杀它们几乎毫不费事。

刀嘴海雀在5月初开始产卵。7月份我们发现了大量幼鸟，不过这时它们还很小。它们的鸟喙也没有长成成年鸟儿鸟喙的任何迹象。这时它们身上覆盖着绒毛，会发出咿咿呀呀的鸣声，但是也已能自主地吞吃亲鸟捕获的虾和小鱼。与小北极海鹦不同，这些幼鸟对彼此很友好，而小北极海鹦总是在争吵。它们几乎能够站直身体。你要是把手指放到它的前方，它就会伸出鸟喙来努力地咬住；成年刀嘴海雀不仅会咬住你的手，而且哪怕自己被憋闷死，也不会松开鸟喙。成年鸟儿若是受了伤，会像隼属鸟类那样背躺着，用脚爪凶猛地攻击。它们可以在岩石上轻松敏捷地行走和跑动，但是它们还是尽可能地选择飞翔。若在繁殖期受到打扰，它们会不断在这个地方盘旋，很久才会再次飞落下来。有时候，一整群鸟儿会落在某处海面上，直到目送你们离开，它们才会放心地回去。

刀嘴海雀在不同地区产卵的数量不同，有时1枚，有时2枚。这些卵都被产在十分危险隐蔽的地方，所以很少会被人捡走。每年，海鸦倒是有大量的卵被人类捡走。

刀嘴海雀的食物包括虾、小鱼等各种海洋动物，以及鱼卵。渔民们认为它们肉质鲜美，但是它们的肉颜色很深，并不好看。两岁大的刀嘴海雀，身形和鸟喙已经成熟；完全长成后，一只刀嘴海雀能有680克重。

崖海鸦

英文名 *Common Murre*　拉丁文名 *Uria aalge*

崖海鸦

游禽／鸻形目／海雀科／海鸦属

崖海鸦是最坚强的高北方居民之一，特殊的身体结构能够保证它们安全地度过寒冬。在波士顿附近的水湾上，每年多多少少都栖息着一些崖海鸦；从这里向东，它们的数量也在逐渐变大。在芬地湾栖息着数量极为丰富的崖海鸦；另外还有许多这样的鸟儿在纽芬兰和拉布拉多地区繁殖。

崖海鸦在迁徙过程中配对，至少许多对鸟儿是在迁徙过程中成为配偶的。在我去往拉布拉多的时候，它们一直活跃在我的视野中。它们在水面上嬉戏雀跃，雄鸟追逐着雌鸟，雌鸟接受配偶的抚抱。一些雄鸟会从海上钻出来，鼓起喉咙，发出沙哑的鸣声；它们的雌鸟立即回应起来，对着它们美丽的配偶拼命地点头。接着，一对对鸟儿就会飞起来，在空中飞一圈，重新落回去，完成它们浪漫的婚礼；在接下来的季节里，它们亲密地一起飞翔或游泳。人们能从海上或空中的鸟群里一眼看到这些小家庭。

在离大马卡蒂娜港不远的地方，有一座崖海鸦岛。那其实是几座没有植被的低矮小岛，离水面不高。每年的5月初，几千只崖海鸦会聚集在那里产卵育雏。雌鸟每年只产1枚卵。当你靠近这些岛屿，你会看到四周的天空被飞舞的鸟儿遮住了；每0.09平方米的土地上似乎都站立着一只笔挺直立的崖海鸦，守着它脚下珍贵的鸟卵。所有的鸟儿都朝南方看去。若是你走到它们面前，它们身上雪白色的羽毛会产生十分奇妙的效果：这些鸟儿从远处看去似乎都没有脑袋，因为乍一看那黑色的脑袋，似乎更像是它们背后黑色岩石的一部分。然而，若是你从后方靠近，整个小岛上又仿佛覆盖着一张黑色的幕布。

当你着陆后，再看看这些鸟儿惊慌失措的样子！每一只受惊的鸟儿都离开了它的卵，匆匆跑上几步，然后无声地飞进空中。它们迅速地在你周围来回飞动，焦急地想知道这个不速之客的意图。要是你开始收集它们的卵，或者更糟糕地，将这些卵打破，好收集它们再次产下的新卵，它们就会飞到不远处等待你离开。它们的卵有绿色、白色，几乎各种颜色都有，密密麻麻地躺在整片岩石上；这些鸟儿的身体和羽毛，被残暴的鸥类吸食了一部分的鸟卵，以及崖海鸦腐烂晒干的残躯所发出的气味都让人难以忍受。因此，只要将篮子装满了，人们都会乐意马上将这个地方还给这些主人们。

尽管崖海鸦经常受到打扰，它们的卵刚刚产下来就会被带走，但是只要还能够繁殖，这些鸟儿就总是会年复一年地回到这些岛上。尽管敌人很努力地破坏，它们的数量还是有增无减。崖海鸦每年只产1枚卵，它们会将自己腹部的羽毛啄下来，露出一块圆形的皮肤，恰好能护住自己的卵。雌雄鸟都会孵卵，不过总是雌鸟更卖力一些。当崖海鸦受了打扰，它们就会静静地飞走，几乎从不会像刀嘴海雀那样，在被打扰时张开嘴试图攻击你。

崖海鸦的飞行方式迅速而持久，总是不间断地快速振翅。它们或是独自飞翔，或是成群结伴，但是成群的崖海鸦几乎从不会保持任何规则的队形。有时它们会贴近海面滑翔几千米，有时又会在27～36米高的空中翱翔。它们都是潜水高手，会把翅膀当作鳍，在水中就像是长了翅膀的鱼儿。它们的食物包括小鱼、小虾以及其他海洋动物；有时候它们也会吞一些沙砾。

灰鹱

英文名 *Sooty Shearwater*   拉丁文名 *Puffinus griseus*

灰鹱

游禽 / 鹱形目 / 鹱科 / 鹱属

  我发现灰鹱分布在圣劳伦斯湾和墨西哥湾之间的地区，但是从来没有在海岸附近观察到过它们。6月初，在去往拉布拉多的途中，在新斯科舍附近航行时，日落时分，我看到大群灰鹱从岩石海岸边飞走，因此我想它们或许就在那里繁殖。白天几乎见不到这样的鸟儿，因此我更加相信它们在白天的时候会留在巢穴中。9月份，情形变得大不一样。因为无论是在白天还是在夜晚什么时候，我们都能看到许多灰鹱在海上飞。

  在平静的日子里，它们喜欢停在水上，这时候很容易被靠近。它们可以轻快地游动，在一起嬉戏的样子十分优雅。被靠近时，它们会张开鸟喙，直立起羽毛，并从鼻孔中喷出油性物质。即使你把它拿在了手里，它还是会这样做，同时用尖利的脚爪和鸟喙攻击你。它们拒绝吃任何东西；鉴于它们并不容易驯服，因此就被放了。让我十分惊讶的是，它们并没有像我想象的那样直接飞走，而是飞到水上，倾斜着在水中潜了几米远；来到水面上时，它们扬起海水清洗了自己几分钟才起飞。那时它们飞行的样子还是一如往常的轻松和优雅。

  这种海上流浪者的飞行方式迅速而持久。当海风很大时，它们会将伸展开的翅膀弯成巨大的弧形，沿着海浪的波谷快速滑翔，交替着将自己的上下体表暴露在我们的视野中，显然是想借助风的力量前进。在平静的日子里，它们在较低的空中飞翔，速度也要低一些；它们几乎不会侧起身体，不过更常在平静的天气里出来觅食。我在解剖过的灰鹱胃中发现了鱼类、蟹、海草和一些油性物质。

白腰叉尾海燕

英文名 | Leach's Storm-petrel　　拉丁文名 | Oceanodroma leucorhoa

白腰叉尾海燕

游禽／鹱形目／海燕科／叉尾海燕属

　　白腰叉尾海燕几乎不会迁徙到南方地区，但是在马萨诸塞州附近以及从那里到纽芬兰地区，它们的数量十分丰富；它们还在从蒙特沙漠岛到纽芬兰地区中所有适合的地方繁殖。

　　这一物种的鸟类，无论白天还是夜晚，总是在海洋上悠闲地飞行；但是在繁殖季节开始后，它们就会留在岩石下面或者裂缝中的洞穴中，直到日落时分才飞出去寻找食物。天亮时，它们又带着食物回到伴侣和幼鸟身边，并给它们喂食。我相信这一物种可以像猫头鹰那样连续几天不吃东西，而且一天只进食一次就够了。

　　白腰叉尾海燕在白天和夜晚都会鸣叫，而且每隔不长的时间就会鸣叫一次，但是它们没有黄蹼洋海燕那样吵闹。当这种鸟儿在草地或水面上低飞时，它们的飞行方式与另外两个物种不同：它们总是绕着更宽阔的圈盘旋，振翅的动作更加坚定。它们比其他物种更加胆小，在受惊后会飞上更长的距离再转身飞回来。

　　6月初，这一物种回到繁殖地上。它们在高大的岩石前飞来飞去，每天来来去去上千次，走进它们昏暗狭窄的大厦，或站在通道上发出鸣叫声。接着，它们飞落在某个宽阔的岩石壁架上，小心翼翼地走着，生怕掉下去，有时速度又极快。有时，已经配对的鸟儿又会互相走近，我用望远镜观察它们，猜想它们是在互相喂食，但也不是十分确定。它们收集青草和鹅卵石，用来筑巢。雌鸟在鸟巢中仅仅产下1枚卵，卵的两端几乎同样大小，相比鸟儿自己的身形来说，这些卵的个头极大。

　　白腰叉尾海燕和其他物种一样，主要以漂浮的软体动物、小鱼类和甲壳纲动物为食。它们常常会在海上的船只周围找到这些食物。被抓在手里时，它们会从管状的鼻孔中喷出油性的流质，有时也会吐出一些食物。我从来没有办法能让捕获的任何一只白腰叉尾海燕进食。

小海燕

英文名 *Least Storm Petrel*　拉丁文名 *Halocyptena microsoma*

小海燕

游禽／鹱形目／海燕科／叉尾海燕属

1830年8月，船停泊在纽芬兰海岸上时，我获得了几只小海燕。它们身形小，而且翅膀拍动更加迅速，因此混在其他海燕群中十分显眼。它们的总体特征与其他两个物种没有实质性的区别，进食、在水上漂浮和在船只周围活动的特点都很相似。我还试图划船去追逐它，然而它们的飞行方式更快更没有规律，即使受伤或被捕，小海燕也不会发出鸣叫。我从可以信任的人那里得知，这一物种在新斯科舍海岸上的塞布尔岛的沙滩上繁殖；但是我自己从来没有机会到访那里，也没有到过其他的小海燕繁殖地。下面是休伊森先生对这种鸟儿做的观察：

"这个夏天，经过设得兰群岛时，我十分满意地看到并捕获了许多最有趣的鸟儿。5月31日我再次来到那里，希望收集一些鸟卵，因为那时许多鸟儿都应该刚刚产下卵；但是我大为失望。那里的渔民告诉我，在那个岛上繁殖的鸟儿还没有从海上来。16天后以及之后的3天里我又去到那里，这些鸟儿虽然已经到来，却还没有开始产卵。许多鸟儿正坐在洞穴中，很容易就能被捕获。有人给我送来了用一条破旧的长筒袜绑住的十几只小海燕，我将其中两只鸟儿养在房间里，养了将近3天，从它们的陪伴中获得了很大的乐趣。白天的大多数时候，它们都并不活跃：在地板上踱上几步，观察每一个能发现的孔洞，接着就藏在了桌脚和墙角之间；我无法让它们吃任何东西，哪怕用鱼和油脂来诱惑它们；它们走路的方式很轻、很讨人喜欢，与我见到的其他鸟儿的样子都不相同。它们的身体向前伸直，几乎水平，像是要失去平衡。在傍晚，接近日落时，它们从躲藏的地方离开，在之后的几个小时里想尽一切办法逃走；它们绕着房间一圈一圈地飞，或是拍打窗户；飞行时，它们翅膀的长度以及翅膀下面的白色羽毛都像极了我们普通的家燕。我上床躺下，看着它们静悄悄地飞行，不久我就睡着了，可是清晨却发现它们不见了！一只鸟儿幸运地从窗户上的破窗格里逃走了，那里原本塞着一条毛巾；而另一只鸟儿掉进水盆里淹死了。我对这种十分有趣却又如此无辜落寞的生命所遭遇的命运感到遗憾。在离开设得兰之前，我再次登上了那座岛屿。尽管那时已是6月30日，可是这些鸟儿才刚刚开始产卵。在其中一座岛上，它们在悬崖的洞穴中繁殖，那里离海面极高；而在另一座岛上，它们则在海岸上的石头下面产卵。走在那里，我十分清楚地听到它们婉转的鸣叫声；继续仔细地听这声音，不久就能发现它们所在的位置。翻起周围所有大块的石头，我几乎总是能捕获两三只坐窝的鸟儿。它们筑巢的材料尽管是就地取材，但是显然被它们仔细地修整过了——小小的几根草茎和一些干土块就是全部的材料。与其他的同属鸟类一样，小海燕每次也只产1枚卵。白天它们总是留在洞穴中；尽管在这片海岸上晾晒鱼干的渔民常常从它们的头上走过，他们却很少能听到这些鸟儿鸣叫。日暮时分，它们开始变得吵闹；在大多数其他鸟儿准备休息时，它们却纷纷从洞穴中钻出来，飞到海面上。"

普通潜鸟

英文名 | *Great Northern Diver*　　拉丁文名 | *Gavia immer*

普通潜鸟

游禽／潜鸟目／潜鸟科／潜鸟属

潜鸟是一种强壮、活跃、机警的鸟儿。羽翼成熟的潜鸟，其颜色在日后的换羽过程中都不会发生改变，是一种很美丽的生物。这种鸟儿的行为也十分有趣，值得每一个深爱自然的学生去观察，而这个过程我相信也会为观察者带来很大的乐趣。

这一物种在春季和秋季的迁徙活动并不相同。在后一种情况下，大群幼鸟会飞落在我们大河的源头，在那里轻松地借助流水漂向更温暖的地区，并且时不时地潜入水中寻找数不清的鱼儿。少数成年鸟儿会在晚一些时候来到相同的地方，常常会飞到高空中避过曲折的河流和水中的小岛，径直飞行一段距离。沿着大西洋海岸迁徙的鸟儿也采取同样的方式，但是这些鸟儿能够更便利地发现休息和觅食地。不过，无论是在内陆还是在海岸上，你几乎不会一次看见两只鸟儿同时迁徙；而在春季时候，它们却成双成对地迁徙，且总是雄鸟在前，雌鸟在后。我们常常能观察到后面的一只鸟儿身形更小。

尽管翅膀很小，它们飞行起来却强劲而迅速，因此能飞越大片土地。它们有时会在很高的天空中进行长途旅行，那时在地面上几乎看不清它们的身影。但是即使这时，在平静的天气里，它们振翅的声音依然能穿透云层清晰地传到我们的耳朵里。它们偶然落在水面上，几乎总是立即潜入水中，似乎要尝一尝这里的海水中是否生长着符合它们胃口的食物。在出水时，它们直立起前半个身子，甩动翅膀，努力抖一下身子来理顺羽毛，接着就会发出洪亮的鸣声，或许是要吸引那些路过的兄弟姐妹，让它们也飞落下来好交流一下彼此过去的经历或对未来的期望。一些人认为它们哀怨的鸣声代表着风暴将要到来，但事实显然不是那么一回事。

作者们说，在一片湖上只有一对鸟儿繁殖；但是我却在缅因州一片不超过402米长的水塘上发现了3对鸟儿和它们的巢穴。在我观察到的大多数巢穴中，我看见了3枚而不是2枚鸟卵，因此我相信更多的普通潜鸟一年会产下3枚卵。

走近一只正在孵卵的雌鸟后，我发现它的身体平坦地放在鸟卵上面，和家鸭的孵卵方式相同。发现了入侵者后，它立即蜷伏起来，直到我走到它面前时，这只鸟儿才用力弹跳起来，立即朝水上走去，翅膀划着地面，身体跟跄着，费力地在地面上前进。来到水边，它立即潜入水中，又在远处露出水面，几乎不会让自己留在猎枪的射程范围内。有时它们会将自己完全淹没在水下游动，在水面上几乎看不到它们，它们也会尽可能地在灯芯草和其他水生植物中间前进。在鸟卵即将孵化时，若是受了惊，鸟妈妈常常会大声发出凄凉的鸣叫，而几乎不会飞走。

刚孵化的潜鸟幼鸟，身上覆盖着黑色的坚硬绒毛，一两天后会在鸟妈妈的带领下下水。在这一段幼年时期，它们的游泳和潜水能力都很好；在经过反刍喂养两个星期后，它们开始吃一些亲鸟捕获的鱼、水生昆虫和小型两栖动物，直到它们能够为自己捕食。这一阶段，在背部和腹部的绒毛中开始长出灰色羽毛，翅膀和尾羽上的黑色翻羽开始逐渐长长。它们逐渐变得十分肥胖，在陆地上尤为笨拙，若是退回水上的路被截断，它们就很容易被捕获。若是你错过了这个好机会，这些鸟儿成功地溜回水上，你会发现它们像水龟一样掉进水中，接着惊讶地看见它们极其灵敏地跑过水面，在水上留下一条清晰的波纹。幼鸟和成年鸟儿都能够横越水面。当幼鸟能够很好地飞行时，鸟妈妈就会引诱它们离开昔日生长的水塘或湖泊，带着它们飞到最近的海上；接着它就会离开，让这些幼鸟们独自生活。在这之后的一段时间里，通常是8月末或9月初，我还能时常看见同一窝的两三只幼鸟一起活动，直到向南方迁徙时，它们才会分开，各自单独出发。

普通潜鸟身体笨重，通常在水下较深的地方游动，在遇到危险时尤其如此。若是受了轻伤，相比飞走，潜鸟更喜欢潜入水中，这时即便你费尽心力去射杀它们也几乎无济于事。

不同于鸬鹚，普通潜鸟常常会在水下吞掉食物，但是若碰巧捕捉到一只贝类或甲壳类动物，它们就会将这些食物带出水面，用力地咀嚼上一会儿才吞掉。我发现在这种鸟类的胃中有各种各样的鱼类、水生昆虫、蜥蜴、青蛙和水蛭，通常也会有许多粗糙的沙砾，有时也会有淡水植物的根须。

凤头䴙䴘

英文名 *Crested Grebe* 拉丁文名 *Podiceps cristatus*

凤头鸊鷉

游禽／鸊鷉目／鸊鷉科／鸊鷉属

这一物种大约在9月初离开它们的北方栖息地，飞过西部地区。少数凤头鸊鷉留在俄亥俄河的下游地区、密西西比河以及那里的湖泊上，但是更多的鸟儿会继续向墨西哥的天空中飞去。7～50只甚至更多凤头鸊鷉组成一群，颈项和足部伸展着，持续不断地振翅，队伍稀疏地从91米高的天空中迅速划过。连续几年秋天，我都在俄亥俄河上的不同地方、在一天里的任何时候看到它们这样飞过。在这些时候，我总能轻松地将成年鸟儿和幼鸟区分开——成年凤头鸊鷉往往仍戴着它们的夏季头饰。

将要飞落在水面上时，这些鸟儿迅速向下滑落，翅膀半收起，发出的鸣声与隼属鸟类捕食时发出的声音相似。这时候它们的速度极快，在水面上飞落后会继续滑行20～30米远，在它们身后的水上留下一条"沟壑"。接下来的几分钟里，它们都忙于洗干净自己，然后潜入水中寻找鱼类，发现猎物后就会像鸬鹚那样追逐并将其捕捉起来。它们的视力十分敏锐，常常能及时潜入水中，最后成功地躲开瞄准它们的枪口。在被追逐后，它们仅仅将鸟喙伸出水面呼吸，而几乎不会将更多的身体部位露出水面。若不是精疲力竭了，它们很少会上岸。

在水塘中，它们常常会被放置在水底附近线上的鱼钩捕获，进而很快被淹死。我用这样的方法捕捉了两三只凤头鸊鷉。可是在第二天早上，我发现这些鸟儿抛弃了这个池塘，在此后的许多天里，它们也没有再回来。它们几乎不会在你出现的时候飞翔，而总是在夜间离开池塘。要是不得不飞行，它们会先在水上滑动几米远才飞起来，然后绕着一个三四十米的水塘盘旋几圈，才来到树冠上，接着顺利地飞走，因为它们从不会在飞行中穿越树林。一旦来到高空中，它们就会沿直线飞行，迅速飞向另一个池塘或最近的河流。我不记得自己在狭窄的溪流、水湾或浑浊的水上见到过一只这样的鸟儿。

10月1日之前，幼鸟和成年鸟儿在羽毛方面几乎没有差异，只是成年鸟儿的翅膀下表面仍然有夏季的红色斑纹。4月初，这些鸟儿离开南方水域时，成年鸟儿的头上已经长出了夏季独有的羽饰，但是像插图中这么完美的羽饰是很少见的。

　　这一物种的食物包括鱼类、水生昆虫、小型爬行动物以及水生植物的种子。理查森博士说有大量凤头鸊鷉栖息在皮毛之国高山地区的所有隐蔽湖泊上，并且补充说，它们的鸟巢是用大量青草建成的——通常建在芦苇丛中，会随着水流起起伏伏。这一物种通常会产4枚卵，卵表面平滑，为均匀的黄白色。

图书在版编目（CIP）数据

美洲鸟类 /（美）约翰·詹姆斯·奥杜邦著；宋龙艺译 . — 北京：北京理工大学出版社，2023.4

（世界鸟类百科图鉴）

ISBN 978-7-5763-2124-1

Ⅰ . ①美… Ⅱ . ①约… ②宋… Ⅲ . ①鸟类 – 美洲 – 图谱 Ⅳ . ① Q959.708–64

中国国家版本馆 CIP 数据核字（2023）第 032956 号

出版发行 / 北京理工大学出版社有限责任公司

社　　址 / 北京市海淀区中关村南大街 5 号

邮　　编 / 100081

电　　话 /（010）68914775（总编室）

　　　　　（010）82562903（教材售后服务热线）

　　　　　（010）68944723（其他图书服务热线）

网　　址 / http : // www. bitpress. com. cn

经　　销 / 全国各地新华书店

印　　刷 / 唐山富达印务有限公司

开　　本 / 710 毫米 × 1000 毫米　1/16

印　　张 / 111

字　　数 / 1337 千字

版　　次 / 2023 年 4 月第 1 版　2023 年 4 月第 1 次印刷

定　　价 / 298.00 元（全 5 册）

责任编辑 / 朱　喜

文案编辑 / 朱　喜

责任校对 / 刘亚男

责任印制 / 李志强